U0160700

载人·火箭

中国航天博物馆 著

中信出版集团｜北京

图书在版编目（CIP）数据

大国航天．载人·火箭 / 中国航天博物馆著．-- 北
京：中信出版社，2024.3
ISBN 978-7-5217-5634-0

Ⅰ．①大… Ⅱ．①中… Ⅲ．①航天工程－中国－普及
读物 Ⅳ．① V4-49

中国国家版本馆 CIP 数据核字 (2023) 第 147933 号

大国航天：载人·火箭
著者：　　　中国航天博物馆
出版发行：中信出版集团股份有限公司
　　　　　（北京市朝阳区东三环北路 27 号嘉铭中心　邮编 100020）
承印者：　北京尚唐印刷包装有限公司

开本：889mm×1194mm 1/16　　　印张：17　　　字数：300 千字
版次：2024 年 3 月第 1 版　　　印次：2024 年 3 月第 1 次印刷
书号：ISBN 978-7-5217-5634-0
定价：138.00 元

目 录

上篇 载人

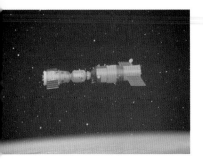

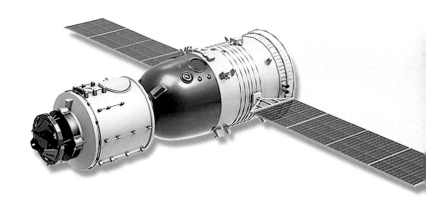

第五章
探索宇宙的工作者

尾 章

神舟扬帆，永无止境

下篇 火箭

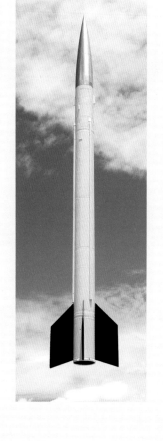

上篇 载人

序 章

神舟遨穹宇，手可摘星辰

　　探索天空的奥秘，似乎是人与生俱来的向往。嫦娥偷食灵药，只因月宫可免人世烦扰；敦煌飞天无翅无羽，仅凭衣裙彩带也可上九天聆听仙乐，享无极之乐；明朝的万户自制火箭绑在椅子下，手牵风筝一试登天。然而，神话终究是神话，壁画也仅仅是当时人的美好愿景，万户冲天失败更是献出了生命。荀子说："不积小流，无以成江海。"正是这些千年不息的梦想细流，最终汇聚成了一条名为"航天精神"的大河。

航天精神：

　　（1）爱祖国、为国争光的坚定信念。自觉把个人理想与祖国命运、个人选择与党的需要、个人利益与人民利益紧密联系在一起，始终以发展航天事业为崇高使命，以报效祖国为神圣职责，呕心沥血，奋力拼搏。

　　（2）勇于登攀、敢于超越的进取意识。知难而进、锲而不舍，勤于探索、勇于创新，相信科学、依靠科学，攻克尖端课题，抢占科技制高点。

　　（3）科学求实、严肃认真的工作作风。尊重规律，精心组织，精心指挥，精心实施，在任务面前斗志昂扬、连续作战，在困难面前坚韧不拔、百折不挠，在成绩面前永不自满、永不懈怠。

　　（4）同舟共济、团结协作的大局观念。自觉服从大局、保证大局，同舟共济、群策群力，有困难共同克服，有难题共同解决，有风险共同承担。

　　（5）淡泊名利、默默奉献的崇高品质。一心为事业，舍弃生活方式的多彩而选择单调，舍弃功成名就的机会而选择平凡，不计个人得失，不求名利地位，以苦为乐，无怨无悔。

在航天精神的浸润下，一代又一代航天人在神州大地深耕细作，无论寒暑，无惧风霜。李白诗云："黄河之水天上来，奔流到海不复回。"而我们的航天人硬是凭借自己的双手，逆转银河落九天之力，铸成神奇的天河之舟，将飞天梦、中国梦载入穹宇。放眼未来，我们的航天梦必将不再如神话故事中描述的那样虚幻莫测，也无须用满墙壁画来寄托希望，"神舟"将会以更加安全、更加环保、更加舒适的方式带我们探索遥远的空间，让我们不必"掬水月在手"，就"手可摘星辰"！

自1958年始，航天人对载人飞船的探索已历经大半个世纪。作为中国航天事业的重要组成部分，神舟系列飞船自2003年首次载人飞行以来，已经成功完成了十多次载人任务，为中国航天事业的崛起和国际地位的提升做出了巨大贡献。1992年9月，中央决策实施载人航天工程，并确定了"三步走"的发展战略。乘着历史的东风，我国的神舟系列飞船扬帆起航。神舟一号发射，标志着我国航天事业迈出了重要步伐，树立起我国航天史上重要的里程碑。神舟二、三、四号无人飞船试验，为载人航天事业打下了坚实基础，振奋人心。到神舟五号，我国首次载人航天发射任务圆满完成，开启了载人航天事业的全新阶段。神箭腾空，神舟翱翔，我国成为世界上第三个独立掌握载人航天飞行技术的国家。

中国航天人，勇往直前，神舟系列六、七、八号飞船相继升空，令我国载人航天事业一次又一次飞越。尤其是神舟八号，与天宫一号顺利对接，使我国成为世界上第三个自主掌握空间交会对接技术的国家。天堑越来越窄，天路越来越短，空间站的雏形也渐渐现身星月之间。神舟系列犹如如世间最远最快的船，载着航天人的梦想飞出天际线，让祖国屹立于世界科技前沿。现今，神舟仍在翱翔，星际依然广阔，航天人将破浪星海，永不止息。

第一章

中国载人航天工程的大功臣

——「长征」与「神舟」

"长征"系列运载火箭

当今世界,进入太空的能力是一个国家综合国力与科技实力的重要标志,那么,航天技术就是国家综合实力的重要组成和标志之一。运载火箭作为目前人类克服地球引力、进入太空的唯一工具,作为发展空间技术、确保空间安全的基石,早已成为实现航天器快速部署、重构、扩充和维护的根本保障,更是大规模开发和利用空间资源的载体。作为中国自行研制的航天运载工具,"长征"系列运载火箭承载了这一重要任务。

"长征"系列运载火箭家族人丁兴旺,成员各有所长,设计师们根据"长征"家族成员的特长安排大家各司其职,其中,长征二号F、长征五号、长征七号运载火箭主要负责发射载人航天器这一重要工作。

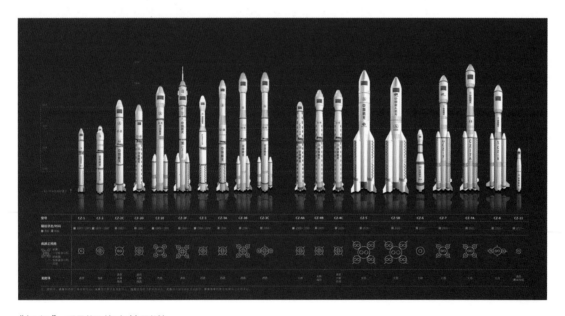

"长征"系列运载火箭型谱

1.1 火箭家族的"明星"成员长征二号F

在长征二号F、长征五号、长征七号这三位成员中，长征二号F运载火箭是唯一可以担负载人航天器发射任务的火箭。

发射日期	运载火箭	发射卫星	发射基地	发射次数	结果
1999年11月20日	长征二号F	神舟一号飞船	酒泉	第52次	成功
2001年1月10日	长征二号F	神舟二号飞船	酒泉	第57次	成功
2002年3月25日	长征二号F	神舟三号飞船	酒泉	第58次	成功
2002年12月30日	长征二号F	神舟四号飞船	酒泉	第59次	成功
2003年10月15日	长征二号F	神舟五号飞船	酒泉	第61次	成功
2005年10月12日	长征二号F	神舟六号飞船	酒泉	第71次	成功
2008年9月25日	长征二号F	神舟七号飞船	酒泉	第86次	成功
2011年11月1日	长征二号F	神舟八号飞船	酒泉	第112次	成功
2012年6月16日	长征二号F	神舟九号飞船	酒泉	第121次	成功
2013年6月11日	长征二号F	神舟十号飞船	酒泉	第129次	成功
2016年9月15日	长征二号F	天宫二号	酒泉	第156次	成功
2016年10月17日	长征二号F	神舟十一号飞船	酒泉	第157次	成功
2020年9月4日	长征二号F	可重复使用试验航天器	酒泉	第223次	成功
2021年6月17日	长征二号F	神舟十二号飞船	酒泉	第239次	成功
2021年10月16日	长征二号F	神舟十三号飞船	酒泉	第249次	成功
2022年6月5日	长征二号F	神舟十四号飞船	酒泉	第264次	成功
2022年8月5日	长征二号F	可重复使用飞行器	酒泉	第268次	成功
2022年11月29日	长征二号F	神舟十五号飞船	酒泉	第275次	成功
2023年5月30日	长征二号F	神舟十六号飞船	酒泉	第288次	成功

选择长征二号F运载火箭来完成载人航天器的发射任务，其原因除了设计师们在设计之初就为它拟定好了发展方向，还因为长征二号F所在的"Y"系列运载火箭具有其他成员所不具备的安全防护装置——逃逸塔。

由于拥有发射运输飞船和发射目标飞行器两种状态，长征二号F运载火箭属于两个不同的系列——"T"系列、"Y"系列。其中，"T"系列用于发射目标飞行器，"Y"系列用于发射运输飞船。这两个系列最大的差别，就在于火箭顶端是否有逃逸塔。

在右图中，蓝圈内的装置就是逃逸塔，只有装载了逃逸塔的火箭才能执行载人航天任务。作为长征二号F"Y"系列运载火箭中最特殊的装置，逃逸塔主要在火箭起飞前15分钟到起飞后120秒这段时间内保障载人航天器内航天员的安全。若火箭在发射过程中出现故障，逃逸塔会立即带着整流罩内的轨道舱和返回舱一起与火箭分离，从而使身处返回舱中的航天员脱离险境，有效保护他们的生命安全。

令航天人骄傲的是，长征二号F"Y"系列运载火箭在历次执行任务的过程中，还从未启用过逃逸塔。

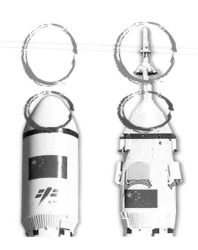

左图为"T"系列长征二号F运载火箭，右图为"Y"系列长征二号F运载火箭

1.2 新一代大型运载火箭长征五号与新一代中型运载火箭长征七号

长征五号运载火箭是新一代大型运载火箭，它是个大家伙，具备近地轨道25吨、地球同步转移轨道14吨的运载能力，已经和国际上主流火箭的运载能力相当。被大家亲切地称作"胖五"的它，不仅可以完成近地轨道卫星、地球同步转移轨道卫星、太阳同步轨道卫星的发射任务，还可以执行空间站、月球探测器和火星探测器等其他类型航天器的发射任务，大有发展成"全能选手"的趋势。

而长征七号运载火箭则是新一代中型运载火箭，它主要用于发射近地轨道或太阳同步轨道有效载荷，同时能承担载人航天、货运飞船等的发射任务，未来也可以承担商业航天和国内其他航天器的发射任务。

确保安全、可靠、快速、经济、环保地进入空间，推进太空探索技术的发展，促进人类文明进程，是"长征"系列运载火箭的发展目标。"长征"系列运载火箭经过三个发展阶段的沉淀，积累了足够多的经验，已经稳步进入第四发展阶段，并孕育出长征二号F运载火箭这样的"明星"成员。运载载人航天器火箭在技术成熟后又迈入了第五发展阶段，诞生了长征五号、长征七号等未来可期的全方位发展成员。

神舟空间载人飞船

　　神舟空间载人飞船作为中国自行研制、具有完全自主知识产权、达到或优于国际第三代载人飞船技术的空间载人飞船，采用的是"三舱一段"式结构——由轨道舱、返回舱、推进舱及其附加段构成。

　　轨道舱位于飞船前端，是航天员在轨飞行期间集工作、睡觉、用餐、盥洗等诸多功能于一体的"生活起居室"和"工作间"，也是飞船的"货舱"。其外形是两端带有锥角的圆柱体，且两侧装有太阳能电池阵、太阳敏感器和各种天线及各种对接机构。当航天员返回地面时，轨道舱会分离出去，这不仅有利于返回舱轻装上路，而且可以实现轨道舱的留轨利用功能。

　　返回舱位于飞船的中部，是飞船的指挥控制中心，也是航天员的座舱。它是密闭结构，前端设有供航天员进出轨道舱的舱门，是载人飞船唯一可以载入大气层并返回着陆的舱段。

　　推进舱也叫作动力舱，位于飞船的后部，形状像一个圆筒，主要为飞船的姿态控制、变轨和制动等提供能源和动力。

　　附加段也叫作过渡段，是飞船的扩展件，主要用于神舟飞船与其他航天器交会对接前的测试和验证，也可以放置相关仪器进行空间勘探工作。从神舟七号开始，它被正式交会对接机构替代。

　　这样的结构便于储存航天员

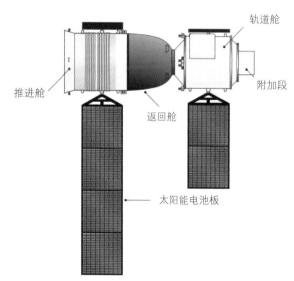

神舟载人飞船"三舱一段"式结构示意图

执行任务时所需的物资、控制返回舱的质量、降低返回舱回收与着陆的风险，同时有效实现轨道舱留轨利用功能，但这大大提升了逃逸塔的研制难度。考虑到我国载人航天任务的多项需求，科研人员夜以继日、披荆斩棘，最终攻克了这一技术难题，确定了神舟载人飞船的最优设计方案，并实现了轨道舱可留轨利用这一具有中国特色的功能。

神舟空间载人飞船的起点颇高，其轨道舱具备留轨利用能力，并可一舱多用，在我国载人航天工程的发展中担任过许多非常重要的角色：

◆ 配重空舱

神舟一号的轨道舱在此次发射任务中仅起到配重作用。

◆ 空间科学实验与技术试验舱

从神舟二号到神舟六号，轨道舱都作为留轨舱使用，在完成发射任务后，继续留在轨道上飞行。

◆ 生活舱＋工作舱＋货物舱

从神舟六号开始，轨道舱不仅是航天员开展科学实验与技术试验的"实验室"，同时成为航天员执行任务期间的"生活起居室"。除此之外，轨道舱还能用作货物舱，储存执行任务过程中必备的物资，在任务结束后离轨，遂销毁于大气层。

◆ 气闸舱

神舟七号的轨道舱在保证航天员工作、生活和储存物资的前提下，根据任务需求又被临时征用为气闸舱，用于常压到真空的气体压力过渡。将航天员生活的轨道舱改成气闸舱，"一舱两用"，是我国航天技术的独创之举。

◆ 交会对接载体

从神舟八号开始，中国载人航天进入空间实验室与空间站时代，载人飞船轨道舱的各项职能逐步被淡化，转变为载人飞船与空间站的交会对接载体。

在此后的十几次神舟发射任务中，最终确定的"三舱一段"式设计方案被证实为一个确保安全、可靠，同时能够高效完成我国载人飞船工程四项基本任务的优质方案。

中国载人飞船工程四项基本任务：

1. 突破载人航天基本技术；

2. 进行空间对地观测、空间科学和技术试验；

3. 提供初期的天地往返运输器；

4. 为载人空间站工程大系统积累经验。

第二章 空间飞行的试验者

　　大家对执行过载人航天任务的神舟飞船都不陌生，甚至对每一艘飞船对应的航天员都能如数家珍。可大家或许不知道，支撑着神舟飞船每一次完美完成载人航天任务的，是那些不常被人提及的身影——无人试验飞船。它们每一个都身负不同的任务，正是它们率先在无人的深空中探索出了一条坚实可靠的"航道"，为我国的载人航天事业奠定了扎实可靠的基础。

第1节

神舟一号

- **运载火箭**：长征二号F运载火箭
- **发射时间**：1999年11月20日6时30分
- **返回时间**：1999年11月21日3时41分
- **发射地点**：酒泉卫星发射中心
- **着陆地点**：内蒙古自治区中部地区
- **发射目的**：验证载人飞船关键技术和系统设计的正确性，验证包括发射、测控通信、着陆回收等地面设施在内的整个工程系统工作的协调性
- **主要任务**：考核载人飞船的五项重要技术——舱段连接和分离技术、姿态调整和制动技术、升力控制技术、防热技术、回收着陆技术
- **试验任务**：对下列九个分系统——结构与机构、热控、电源、制导导航与控制、数据管理、推进、测控通信、回收着陆、环控生保进行测试

神舟一号发射升空

神舟一号是中国载人航天工程发射的第一艘无人试验飞船，它的发射升空是该工程的第一次飞行试验，对突破载人航天技术具有重要意义，是中国航天史上的重要里程碑。

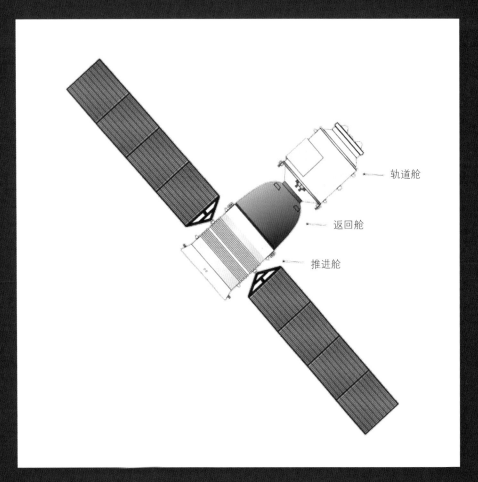

神舟一号飞船示意图

1.1 飞船特色

　　神舟一号由轨道舱、返回舱和推进舱组成。三舱总长8米，圆柱段直径2.5米，锥段最大直径2.8米，总质量为7755千克。

　　神舟一号上没有航天员，但研发人员在返回舱内放置了一个高1.7米左右、身穿航天服的模拟航天员。这个模拟航天员其实是一个感应器，用于收集返回舱身处太空时的温度、湿度、氧气等各种试验数据，为以后的载人航天任务提供参考。

　　神舟一号返回舱采用普通圆形降落伞和着陆缓冲发动机来实现软着陆，其主伞面积1200平方米，着陆速度不大于3.5米/秒，尽可能地保证了舱内"航天员"的安全。

　　作为我国载人航天计划中发射的第一艘无人试验飞船，神舟一号采用了在技术厂房内对飞船、火箭联合体进行垂直总装与测试，整体垂直运输至发射场，并进行远距离测试发射控制的新模式。

在原有航天测控网的基础上，研发人员新建了符合国际标准体系的陆海基航天测控网，并在神舟一号的发射试验中首次投入使用。神舟一号在轨运行期间，地面测控系统和分布于公海的4艘远望号测控船对它进行了跟踪与测控，成功完成了一系列科学实验。

远望四号测控船参与过神舟一号至神舟六号的跟踪与测试任务，目前已退役。

它的前身是我国远洋调查船——"向阳红10号"，1999年2月改为远望四号测控船。此次改装共改造、更新、修理、特装了4大类、400余个工程项目。于1999年7月改装完成，正式交付中国卫星发射测控系统部海上测控部使用，主要担负卫星和航天飞船的海上跟踪、遥测、通信和控制任务，具有测控精度高、实时性强、可全天候工作等优点。

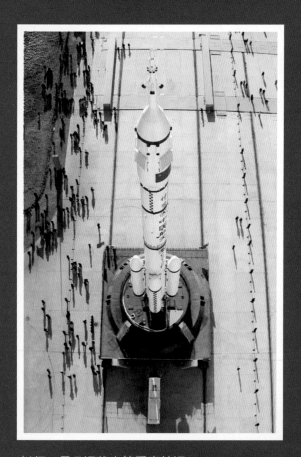

长征二号F运载火箭垂直转运

1.2 发射过程

【1999年11月20日凌晨】

在酒泉卫星发射中心新建的载人航天发射场上，长征二号F运载火箭傲然挺立，在它的顶部安装着我国自行研制的第一艘载人航天试验飞船——神舟一号，船体两侧醒目地印着两面五星红旗，在灯光下熠熠生辉。

【11月20日6时30分】

随着一声令下——"点火"，长征二号F运载火箭底部喷出一团红色烈焰，托举着神舟一号，向太空呼啸而去。约10分钟后，神舟一号飞船与长征二号F运载火箭成功分离，准确进入预定轨道。

与此同时，在北京航天飞行控制中心，上百台终端计算机的显示屏上跳动着令人眼花缭乱的数字；四个大屏幕上显示着神舟一号进入太空的运行状态曲线，三维动画把一组组数字变成形象逼真的图像投影于巨幅屏幕上……一场探索太空奥秘的科学实验在这里紧张而有序地开始了。

【11月20日6时30分7秒】

神舟一号没入苍穹的瞬间，描绘着我国西北地区版图和理论弹道曲线的大屏幕上出现了一个小小的亮点，这表明船箭实际飞行的曲线吻合理论运行弧线。随着神舟一号的运行轨迹不断向前延伸，来自地面测控站和远望号测控船的测控数据，源源不断地汇聚到北京航天飞行控制中心。在工程技术人员按下发令键后，测控数据计算结果表明，神舟一号已经进入预定轨道，指控大厅里一片欢腾。

【当地时间11月20日18时】

已围绕地球运行了14圈的神舟一号飞临南大西洋海域上空，在那里待命的远望三号测控船及时准确地向神舟一号发出返回指令。随后，神舟一号建立返回姿态，制动发动机点火，开始从宇宙空间返航。这时，海况突然变化，海面腾起高达三米的巨浪，但远望三号沉着冷静，仍然按任务规定的航线劈波斩浪，昂首前行。

神舟一号飞船示意图

远望三号测控船

【当地时间11月20日18时48分】

远望三号船舱广播里传来了北京航天飞行控制中心指挥调度员下达的指挥口令——"一分钟准备"，船顶巨大的雷达跟踪测量天线徐徐转动，精准指向神舟一号将要飞入大气层的方向。随后，北京航天飞行控制中心下达"调姿开始"的调度口令，指引神舟一号调整姿态、轨道舱分离、返回制动的一系列遥控指令被顺利地送上了飞船。

【当地时间11月20日18时58分】

远望三号圆满完成神舟一号最后一个圈次的跟踪测控任务。

【北京时间11月21日凌晨3时多】

神舟一号脱离原先的轨道、按照航天专家的意愿，向内蒙古中部地区降落。在众人的翘首期盼中，神舟一号进入距地面只有80千米的大气层，以每秒约7.5千米的惊人速度与大气层剧烈摩擦，下降至40多千米高度时，船体外部产生等离子壳，形成电磁屏蔽，导致地面与飞船通信暂时中断。

"回收一号发现目标！"前置雷达站的报告声打破了短暂的沉默，雷达捕捉到了神舟一号。当它距离地面还有30千米时，操作员果断发出打开电源的指令。

"减速伞分离。"

"主伞全开。"

神舟一号距离地面越来越近，在距离地面约1.5米时，船载着陆缓冲发动机同时点火，满载一系列科学实验数据的神舟一号，稳稳地落在了神州大地上。

至此，我国的第一艘载人航天试验飞船——神舟一号安全返回地面。从发射升空算起，它共遨游太空21个小时，飞行试验取得成功。

神舟一号船舱内携带了许多物品，比如旗类、各种邮票及纪念封、农作物种子和中药材。其中，农作物种子有10克左右，包括青椒、甜瓜、番茄、西瓜、豇豆、萝卜等品种；中药材包括甘草、板蓝根等。此外，飞船还搭载了有利于心脑血管疾病药物开发的Monascus（红曲霉）生物活性菌株。这些物品都跟随返回舱一并回到了地面。其中，遨游过太空的香港特别行政区区旗在当年12月31日夜的香港迎千禧盛典上交予香港特别行政区；搭载的五星红旗，于2000年1月1日在天安门广场徐徐升起。

1.3　发射小结

（1）相关技术有待提升

由于这是我国第一次进行载人航天飞行试验，相关技术尚有待提升，例如：为提高航天员安全而增加的火箭逃逸系统和故障检测系统，此次虽然参与了任务，却暂不具备逃逸功能。

（2）载人飞船系统并未完全参与试验

此次飞行试验中，神舟一号的13个分系统中有9个分系统全部参与了试验，有效载荷、乘员、仪表照明这3个分系统只有部分设备参与了试验，涉及航天员安全的应急救生分系统没有参与试验。此外，航天员系统和飞船应用系统除个别设备参与试验外，绝大部分设备是工艺件，不加电工作。

（3）着陆场系统没有启用副场

（4）为载人飞船在轨进行科学实验做铺垫

神舟一号在轨飞行21小时，本次飞行任务主要验证了空间应用系统、数据管理系统和晶体生长炉的部分功能。尽管开展的科学实验较少，但携带的农作物种子完成了我国"太空诱变育种"的实验计划，对后续研究影响深远。

神舟一号在此次任务中表现优异：运载火箭和试验飞船性能良好、飞行正常、动作准确，关键技术取得了突破性进展；发射场设施设备和"三垂一远"测发模式经受住了实战考核；新建的载人航天测控通信网工作协调，数据处理正确，指挥、控制无误；着陆场系统迅捷高效；载人航天发射组织指挥关系初步确立，且运转正常。种种结果表明，神舟一号各项试验目的已经达到，为载人航天工程后续任务的实施打下了良好的技术基础。

神舟一号返回舱

神舟一号返回舱着陆

"三垂一远"测发模式，即垂直组装、垂直测试、垂直转运和远距离测试发射控制。这一模式的优点是可以最大限度地保持火箭和飞船的状态不变，极大地提高测试发射的可靠性、安全性。其中，垂直转运仅需2个小时即可完成，发射工位占位时间由10—15天缩短到3—4天，使我国载人航天发射技术处于世界领先水平。

神舟二号

- **运载火箭:** 长征二号F运载火箭
- **发射时间:** 2001年1月10日1时0分3秒
- **返回时间:** 2001年1月16日19时22分
- **发射地点:** 酒泉卫星发射中心
- **着陆地点:** 内蒙古自治区中部地区
- **发射目的:** 验证包括逃逸系统在内的载人飞船系统的全部功能,测试最新研制建成的测控网网络管理系统,收集舱内环境控制和生命保障系统数据
- **主要任务:** 全面检验神舟飞船的载人性能;通过飞船上搭载的人体代谢模拟装置、拟人生理信号设备及形体假人,定量模拟航天员在太空中的重要生理活动参数
- **试验任务:** 首次在飞船上进行微重力环境下空间生命科学、空间材料、空间天文和物理等领域的实验

神舟二号飞船示意图

正样无人试验飞船,指争取实现真正的载人飞行技术状态,但仍有一部分技术问题需要解决和验证的飞船。

神舟二号是中国载人航天计划中发射的第一艘正样无人试验飞船,对全面掌握和突破载人航天技术具有重要意义,标志着中国载人航天事业向实现载人航天飞行迈出了关键一步。

2.1 飞船特色

与神舟一号相比，神舟二号载人飞船同样由轨道舱、返回舱和推进舱三个舱段组成，但它在系统结构与技术性能上均有提升，飞船技术状态也与实际载人飞船基本一致。

神舟二号飞船示意图

在神舟二号的飞行任务中，飞船内的系统全部参与了试验，其中包括用于保证航天员生命安全的逃逸救生系统，用于解决航天员体力问题的饮食系统，用于解决航天员个人卫生的卫生系统，用于解决航天员晕船、头痛、受辐射等病症问题的医疗系统，以及可以自动调节温、压、气、湿的环境系统。

除此之外，神舟二号上还装有人体代谢模拟装置、拟人生理信号设备及形体假人，能够定量模拟航天员在太空中的重要生理活动参数，同时用于验证返回舱内的环境控制和生命保障系统。

2.2 运行历程

【2001年1月10日1时0分3秒】

在酒泉卫星发射中心，长征二号F运载火箭搭载着神舟二号成功发射升空。13分钟后，神舟二号进入距地表高度近地点200千米、远地点340千米的椭圆预定轨道。

在北京航天飞行控制中心的统一调度指挥下，四艘远望号航天测控船及各相关地面测控站对神舟二号进行了持续的跟踪、测量与控制。神舟二号在太空成功完成了太阳能帆板展开、轨道机动、姿态确定等数百个动作。

【1月10日21时】

神舟二号绕地球飞行至第14圈、到达远地点高度时，北京航天飞行控制中心指挥员对它下达了变轨的指令，船载变轨发动机成功点火，将神舟二号推至距地表高度340千米的圆轨道上。

【1月12日20时】

变轨后的神舟二号以圆轨道绕地球飞行31圈后，受地球引力影响，飞船飞行轨道高度逐渐出现衰减。20时24分，北京航天飞行控制中心指挥西安卫星测控中心向神舟二号发出了保持轨道的控制数据指令。神舟二号之后传回的数据表明，飞船已按照指令成功进行了轨道调整。这是西安卫星测控中心首次启用最新测控网网络管理系统，此次遥控任务实现了测控资源的优化配置和测控设备的远程监控，大大提高了测控网的可靠性和有效性。

神舟二号返回舱实物

【1月16日19时22分】

神舟二号飞船成功执行返回指令，在内蒙古中部草原着陆。负责神舟二号回收任务的卫星测控中心着陆场站发现了神舟二号返回舱，并在陆军航空兵部队的配合下，对返回舱进行了及时回收。

至此，神舟二号按照预定计划，在太空飞行了6天零18小时，任务圆满完成。

2.3 科学实验

在此次太空飞行任务中，神舟二号内的有效载荷共64件，其中包括返回舱15件、轨道舱12件、附加段37件。其中，空间细胞电融合仪等33件科研设备均为首次使用的正式产品。这些设备几乎遍布三个舱段的各个角落，把神舟二号变成了名副其实的"太空实验室"。

有了这间实验室，我们得以首次在载人空间飞船上进行一系列微重力环境下的科学实验。

空间材料科学实验

（1）利用多工位空间晶体生长炉，进行二元半导体光电子材料锑化镓、三元半导体光电子材料碲锌镉、氧化物激光晶体硅酸铋、新型非晶态合金钯镍铜磷、二元合金铝镍、三元合金铝镁硅的晶体生长实验。

锑化镓晶体是制造微波器件、微波集成电路和超高速集成电路的关键电子材料；碲锌镉晶体是制造红外探测器的基底材料；氧化物激光晶体硅酸铋是一种重要的光信息存储功能材料；新型非晶态合金钯镍铜磷、二元合金铝镍、三元合金铝镁硅都是重要的新型合金材料，在航空航天领域有重要的应用前景。

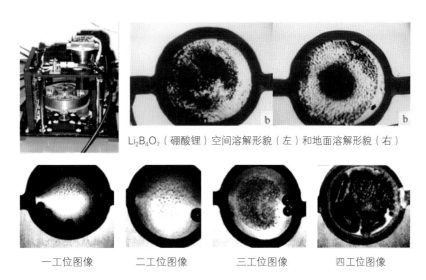

Li₂B₄O₇（硼酸锂）空间溶解形貌（左）和地面溶解形貌（右）

一工位图像　　二工位图像　　三工位图像　　四工位图像

神舟二号实验室中收集到的空间实验图像

（2）利用空间晶体生长观察装置，实时观察微重力条件下透明氧化物晶体四硼酸锂和铌酸钾的生长过程。

在空间微重力条件下开展材料科学实验，有助于加深对材料物理过程本质的认识，指导改进地面材料的制备工艺，从而制备出各种优质材料。

空间生命科学实验

（1）利用空间蛋白质结晶装置，对15种蛋白质和其他生物大分子进行空间晶体生长实验。

（2）利用通用生物培养箱，以集约化支持的方式同时开展植物、动物、水生生物、微生物及离体细胞和细胞组织等共19种生物、25种生命形态的空间环境效应实验。

空间环境具有微重力、高能辐射、节律变化等独特性，是生命科学研究与应用的新领域。空间生命科学研究有助于揭示因重力而掩盖在地面环境下的、不可能获知的一些本质特征，有助于获取或生产高纯、高效和高值的生物制品，为新的空间生物工程提供发展方法。

空间天文领域的相关实验

利用由超软X射线探测器、X射线探测器和γ射线探测器组成的宽能区、高时间分辨率谱仪，进行空间γ射线暴的探测研究，同时对太阳耀斑高能辐射进行监测。这是我国首次进行这类空间天文实验，也是我国的科学家们首次在自己研发的空间飞船上进行多学科、大规模、前沿性的空间科学与应用研究。

神舟二号在轨运行期间，各种科学研究仪器设备性能稳定，工作正常，为相应的科学领域提供了大量宝贵的实验数据。除此之外，神舟二号还进行了部

神舟二号船罩组合体吊装

长征二号F运载火箭碰撞出
的凹陷之一

分对地观察设备的在轨测试，完成了空间天文、环境监测仪器的试验任务，为接下来的载人空间飞船飞行任务提供了极大的助力。

2.4 发射小结

发射前的意外碰撞

神舟二号发射前，在酒泉发射中心的垂直总装厂房里，因为一名工作人员的操作失误，已经完成垂直总装的船箭组合体与十三层工作平台意外相撞。长征二号F运载火箭"受伤"了！

经过研发人员的一番仔细检查，长征二号F运载火箭一共被碰伤18处，因此原定于2001年1月5日的发射计划被迫取消。当时担任长征二号F运载火箭总设计师的刘竹生，带着火箭研发团队与紧急从多地赶来的专家们，经过连续4天不眠不休的检测分析，最终拿出了一份50多页的分析报告，得出"可以正常发射"的结论。2001年1月10日，虽然"负伤"，但长征二号F运载火箭仍不负众望，搭载着神舟二号顺利升空。

返回阶段的失误

神舟二号返回舱按照指令返回地面时，负责返回舱减速的降落伞未能完全打开，导致返回舱无法有效减速，更无法实现计划中的软着陆，最后硬着陆在地面。如果当时我们的航天员在里面，是完全没有生还可能的。

这件事引起了研发人员的高度重视，他们带着"伤痕累累"的返回舱回到研究所内，夜以继日地分析、改进、试验，将这次的返回事故变成了我国航天史上的唯一一次。

作为中国载人航天计划中的第一艘正样飞船，神舟二号在轨运行期间进行的各项测试、试验都非常顺利，整体技术水平较神舟一号有了较大的提升，对我国全面掌握和突破载人航天技术具有非常重要的意义，使我国向顺利实现载人航天飞行的目标又迈进了一大步。

第3节

神舟三号

- 运载火箭：长征二号F运载火箭
- 发射时间：2002年3月25日22时15分
- 返回时间：2002年4月1日16时51分
- 发射地点：酒泉卫星发射中心
- 着陆地点：内蒙古自治区中部地区
- 发射目的：试验返回舱内的环境控制和生命保障系统，试验载人飞船与运载火箭上新增的逃逸和应急救生功能
- 试验任务：主要进行空间材料科学和生命科学实验，同时进行部分光学遥感在轨测试试验，以及地球环境探测和空间环境高层大气监测仪器的试验

神舟三号飞船发射升空

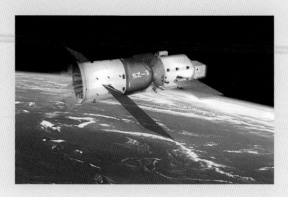

神舟三号飞船示意图

神舟三号虽然和神舟二号一样，也是一艘正样——正式阶段的无人飞船，但它的技术状态与载人飞船的技术状态完全一致。此次神舟三号航天任务的圆满完成，为把我国航天员安全地送上太空打下了坚实基础，标志着我国载人航天工程再次取得重要进展。

3.1 飞船特色

神舟三号飞船采用模块化设计，沿用"三舱"结构，在太阳能电池帆板构型和升力控制返回、圆顶降落伞回收等系统结构和技术性能上，进行了新的扩展与提升，该飞船的技术状态与载人飞船基本一致。

神舟三号的返回舱内设置了三个可供航天员斜躺的座椅，座椅下方设有仪表盘、控制手柄和光学瞄准镜。推进舱安装有4台大推力主发动机和平移发动机，两侧装有20多平方米的主太阳能电池阵，可以源源不断地为飞船供能。

Q: 神舟飞船为什么常常选择在夜晚发射？

A: 发射航天飞船是一项极其复杂的系统工程，飞船发射的时机要考虑各种各样的影响因素，其中，气象因素是最关键、最直接的决定性因素。经过专家们的综合考虑和判断，才能最终确定将某一天中的某一个时间段作为飞船发射的时机，这个时间段被称为"发射窗口"。神舟飞船的发射窗口大多选择夜晚而不是白天，最重要的原因是在夜晚时段发射飞船，可以使地面的光学跟踪测量设备更易于捕捉跟踪目标。

神舟三号飞船

在这一次的飞行试验中，神舟三号主要增加了逃逸和应急救生功能。不仅在飞船上增加了待发段和上升段的应急救生功能，完善了备份伞子系统；而且在运载火箭上装备了故障检测和逃逸功能，大大提高了载人航天任务的可靠性和安全性。

神舟三号的"船长"——形体假人

为了进一步探索载人航天飞行的必备条件，神舟三号的座舱中装载了一个与航天员形态、结构、质量、质心基本一致的拟人载荷设备——"形体假人"。它有两套主要装备：一是人体代谢模拟装置，用来模拟航天员在座舱内的耗氧速率、耗氧量和产热率，以便及时通过环境控制和生命保障系统将座舱内的氧分压和温度控制在医学要求的范围内；二是拟人生理信号设备，它会将"形体假人"的心电、呼吸等生理信号从太空回传到地面，以检验船载医疗监测设备的可靠性。

神舟三号虽然只是神舟系列的第三艘飞船，但从设计方案来看，它已经是世界上最安全的天地往返运输工具了。当时国际上已知的所有飞船的救生措施都无法完整覆盖待发射、发射、轨道运行、返回和着陆五个阶段，而我们的神舟三号，以及往后的每一艘神舟系列飞船都能做到！

3.2　运行历程

【2002年3月25日22时】

在酒泉卫星发射中心的载人航天发射场上，捆绑式大推力运载火箭——长征二号F巍然矗立，与神舟三号一起静候指令。

22时15分，"点火"指令下达，长征二号F发出震耳欲聋的轰鸣，载着神舟三号向太空疾飞而去。10分钟后，神舟三号成功进入预定轨道，开启了环绕地球飞行108圈的太空之旅。

【2002年4月1日16时3分】

神舟三号环绕地球飞行至第107圈、到达南大西洋上空时，守候多时的远望三号测控船向它发出了返回指令。

载人飞船返回地面，一般需要经历四个阶段：制动飞行阶段、大气层自由下降阶段、再入大气层阶段、着陆阶段。

黑障是发生在大气层的一种特有现象。当卫星和航天飞船等空间飞行器以很高的速度再入大气层返回地球时，在一定高度和一定时间内与地面通信的联络会严重失效，甚至完全中断。

【4月1日16时25分】

一张由4架直升机、数十辆新型测控设备车和搜索车组成的立体搜索网，在内蒙古中部草原上悄然展开。

而此时的神舟三号，已于22分钟前成功执行返回舱与轨道舱分离指令，并脱离圆轨道，向着神州大地奔赴而来。

【4月1日16时31分】

神舟三号进入黑障区，失去了联络，所有望天期盼的人不约而同地静默，唯余手表秒针的嘀嗒声和咚咚如擂鼓的心跳声。

"回收二号发现目标！"

随着欣然报喜的声音，一连串指令从北京航天飞行控制中心冷静而急速地发出，毕竟此刻还不是庆祝的时候，因为神舟二号的返回事故依然让大家心有余悸。

【4月1日16时38分】

空中传来"嘭"的一声巨响，面积达1200平方米的返回舱主降落伞成功打开。严阵以待的搜索网在获取到神舟三号信息的同时向它收拢而去。

"地面发现目标！"这激动、喜悦而又发颤的报告声使北京航天飞行控制中心的气氛瞬间欢腾。半空中，降落伞护着抛掉防热底盖后的神舟三号返回舱，沿着优美的弧线缓缓飘落。

【4月1日16时51分】

在距离地面约1米的高度上，返回舱底部的着陆缓冲发动机骤然喷出火焰，神舟三号自动抛掉了降落伞，平稳着陆。

表皮被烧灼成深褐色的返回舱平稳地"坐"在了地上，座舱内形体假人"笑容可掬"地望向舱窗外，飞奔而来的工作人员虽然异常兴奋，却仍谨慎小心地打开舱门，用棉被蒙住舱内的几大箱生物科学实验样品，将它们放进了事先准备好的保温箱，送至各个实验室。

至此，神舟三号按照预定轨道，环绕地球共飞行108圈，耗时6天零18小时，成功在预定回收区实现软着陆，圆满地完成了此次飞行任务。

神舟三号飞船返回舱

3.3 科学实验

在此次太空飞行任务中，神舟三号内共有10项44件有效载荷设备——返回舱13件、轨道舱11件、附加段20件。其中，微重力测量仪、返回舱有效载荷公用设备是第三次参与飞船试验，空间蛋白质结晶装置、多任务位空间晶体生长炉和轨道舱有效载荷公用设备是第二次参与飞船试验，其余设备均为首次进入太空工作。

在神舟三号自主飞行期间，舱内主要进行了空间材料科学、生命科学实验，同时进行了部分光学遥感对地探测试验任务及地球环境探测和空间环境高层大气监测试验任务；飞船留轨期间，舱内主要进行了中分辨率成像光谱仪、卷云探测仪和地球环境探测设备的光学遥感对地探测试验，并进行了空间环境高层大气监测试验。

中分辨率成像光谱仪

中分辨率成像光谱仪试验

中分辨率成像光谱仪是神舟三号轨道舱的主载荷，是当时我国研制的最新一代空间遥感

载人航天应用系统地球环境监测分系统太阳紫外光谱监视器

器，具有质量轻、体积小、功耗低等特点和先进性。其探测内容包括以下几个方面的内容：

◆ 海洋：以海洋水色、水温为主要探测内容，兼顾对海冰、海岸带的探测。海洋水色以叶绿素浓度、悬浮泥沙含量、污染物为探测重点要素，兼顾对水深和潜水地形的探测。

◆ 大气：以水汽和气溶胶探测为主要探测内容，兼顾对卷云的探测。

◆ 陆地：以大尺度土壤和植被分布等地表探测为主。

应用中分辨率成像光谱仪进行飞船在轨试验的目的，是试验先进的成像光谱技术、红外焦平面技术和机械制冷等关键技术，为今后研制长寿命的空间仪器积累经验。

神舟三号搭载的这台中分辨率成像光谱仪，在太空中成功完成了一系列科学实验，标志着我国成为世界上第二个拥有航天船载成像光谱仪的国家。它在实验过程中获得以地球为目标的不同光谱景象，为我国的农业估产、可再生资源的动态调查、自然灾害的实时监测以及海洋环境与海洋初级生产力的调查等提供了有力支撑。

地球环境监测试验

地球是人类唯一赖以生存的星球，它的变化是全世界地球环境物理学家共同关心的热门话题。

神舟三号上装有地球辐射收支仪、太阳紫外光谱监视器、太阳常数监测器三套探测设备，主要研究目的是通过定量监测太阳常数与太阳紫外光谱绝对辐照度、定量监测地球对太阳短波辐射的反辐射和地球—大气系统自身的长波热辐射、定量监测大气臭氧总浓度分布及其垂直结构变化等，对全球环境变化进行监测，以便开展地球系统科学研究。

空间材料科学实验

神舟三号继续应用多工位空间晶体生长炉，对特定材料开展了空间材料科学实验。空间晶体生长炉内工位与材料的安排如下表所示：

序号	工位1	工位2	工位3	工位4	工位5	工位6
1	铝-硅镁共晶合金	钯-镍-铜磷非晶合金	铝-镍定向凝固共晶合金	掺锰锑化镓单晶生长	掺铈硅酸铋晶体生长	掺锗碲锌镉晶体生长
2	钕-铁-铝-钴基块体亚稳材料	铝-铋偏晶合金	银-锡/铁基扩散与湿润性研究			
3			铜-银/铁基扩散与湿润性研究			
4			银-锡/镍基扩散与湿润性研究			
5			铜-锡/镍基扩散与湿润性研究			

空间晶体生长炉内工位与材料安排表

多工位空间晶体生长炉

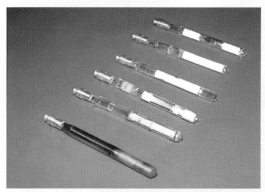

神舟三号上的材料实验样品

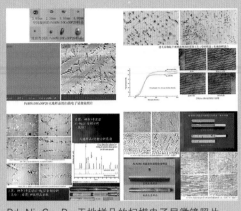

抗菌多肽蛋白晶体

$Pd_{40}Ni_{10}Cu_{30}P_{20}$ 天地样品的扫描电子显微镜照片

空间蛋白质结晶装置

大肠杆菌 PEP 羧基激酶蛋白晶体

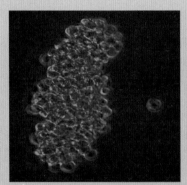

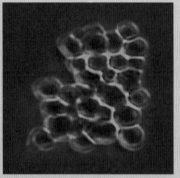

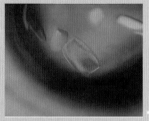

人脱氢异雄酮磺基转移酶蛋白晶体

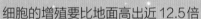

左图：神舟三号空间上培养的人体淋巴细胞（NK92）；
右图：地面培养的人体淋巴细胞（NK92），对比可见空间
细胞的增殖要比地面高出近 12.5 倍

空间生命科学实验

（1）利用空间蛋白质结晶装置，进行蛋白质和其他生物大分子的空间晶体生长实验。

（2）在微重力条件下，利用细胞生物反应器，进行生物细胞培养实验。

科学家们选择了四种具有制药前景的细胞，在神舟三号上进行了空间实验：

◆ 人体组织淋巴瘤细胞（U-937）：培养可产生一些具有重要药用价值的细胞因子。

◆ 中国仓鼠卵巢基因工程细胞（CHO）：经过特殊处理可获得人的生长激素，用于治疗垂体侏儒症、促进创伤组织愈合等。

◆ 小鼠同种异体淋巴细胞杂交瘤株（LE-1）：用于研究细胞凋亡机理，有助于进行多种疾病的病理研究，如艾滋病、肿瘤、自身免疫性疾病等。

◆ 小鼠淋巴细胞杂交瘤细胞（L2）：具有生成和分泌特异性抗体的功能。

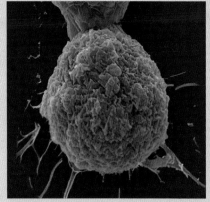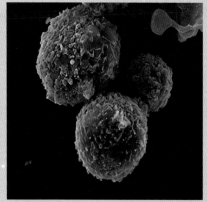

产生抗衣原体抗体的淋巴细胞杂交瘤细胞

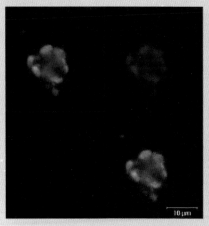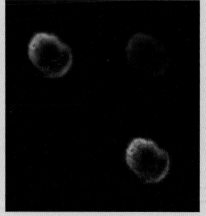

抗天花粉蛋白的淋巴细胞杂交瘤细胞激光共聚焦照片

神舟三号在轨飞行七天，其间各系统和有效载荷性能稳定，运行状态良好，工作正常，获取了大量宝贵的科学实验数据，为我国相应领域的科学研究提供了强有力的数据支撑，圆满地完成了本次科学实验任务。

3.4 发射小结

神舟三号的顺利发射入轨与平稳返回，表明我国载人航天工程技术在不断完善成熟，为最终实现载人飞行打下了坚实的基础。我国利用航天飞船开展空间科学研究和空间资源开发的技术迈上新台阶，这有利于促进我国的科技发展和国民经济建设。

第4节

神舟四号

· 运载火箭：长征二号F运载火箭

· 发射时间：2002年12月30日0时40分

· 返回时间：2003年1月5日19时16分

· 发射地点：酒泉卫星发射中心

· 着陆地点：内蒙古自治区中部地区

· 发射目的：对飞船上的各系统与有效载荷进行载人飞行前的最后一次试验，同时绘制出载人飞船航行的"安全路况图"。

· 试验任务：在空间中进行对地观测、材料科学、生命科学实验及空间天文和空间环境探测等项目研究。

神舟四号

神舟四号是我国载人航天计划中发射的第四艘无人飞船、第三艘正样无人飞船。神舟四号经过进一步的完善和改进，除无航天员外，其配置、功能及技术状态与载人飞船基本相同。作为载人航天飞行任务执行前的最后彩排，神舟四号不负众望，圆满走完了中国载人航天飞行的"最后一千米"，这也标志着中国航天技术已经达到载人航天飞行的成熟水平。

4.1 飞船特色

神舟四号沿用"三舱一段"式的飞船结构，总长约7.4米，最大直径2.8米，总质量7794千克。在推进舱和轨道舱的Ⅱ、Ⅳ象限各安装一个太阳电池翼。推进舱的两个太阳电池翼总面积为24.48平方米，展开后的翼展宽度约17米；轨道舱的两个太阳电池翼总面积为12.24平方米，展开后的翼展宽度约10.4米。

神舟四号共配置了十三个分系统及供配电与电缆网。在这次飞行任务中，飞船本身用于支撑载人飞行的所有分系统，如应用系统、航天员系统、飞船环境控制与生命保障分系统等全部到位；还增加了人工控制和在轨自主应急返回等多项功能，并设计了多种救生模式；预备航天员在飞船发射前进入座舱进行了实际体验；参与神舟三号飞行任务的"形体假人"再次出征，但此次研发人员在返回舱内安置了两个身着航天服的"形体假人"，全面试验航天员对着陆冲击的适应性。

神舟四号在神舟一号、神舟二号、神舟三号飞行经验的基础上，内部设施进一步完善和优化，此次飞行任务全面考核了神舟载人飞船系统

神舟四号飞船

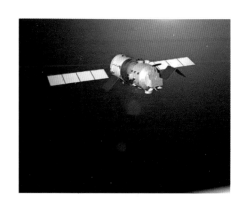

神舟四号示意图

预备航天员在发射前进入飞船进行实际体验

的可靠性、安全性和工作性能。神舟四号经受住了种种试验和考验，用自己的实力证明，神舟飞船的性能已完全可以满足载人航天飞行的要求。

4.2 运行历程

【2002年12月30日0时40分】

在酒泉卫星发射中心载人航天发射场，长征二号F运载火箭迎风屹立，随着"点火"命令的下达，它推举着神舟四号冲破凛冽的寒风，飞往太空。

【2003年1月1日】

"祝全国人民新年快乐！"清晰、甜美的新年祝福从遥远的太空传来，这是神舟四号首次通过天地语音通信系统向全国人民发出问候。

【1月2日】

神舟四号按照指令启动船载小推力发动机，顺利完成了高精度轨道维持任务。截至当日20时，神舟四号已在预定轨道上安全地运行了61圈。

神舟四号返回舱内部

【1月5日19时16分】

完成所有预定的空间科学和技术试验任务后，神舟四号收到返回指令，在环绕地球运行108圈后，返回舱在内蒙古中部地区准确着陆，并被及时回收送往北京，由研发人员对飞船及试验项目进行技术分析和科学研究。而轨道舱则继续留在轨道上运行，并继续进行相关科学和应用试验。

至此，神舟四号航天飞行任务圆满落下帷幕。

4.3 科学实验

神舟四号飞船上装载了52件科研设备，除大气成分探测器等19件设备已经参与过此前的飞行试验任务外，空间细胞电融合仪等33件科研设备都是首次"上天"。

神舟四号此次任务以微波遥感对地探测、空间环境监测和科学实验为主。依靠这些设备，神舟四号自主飞行期间主要进行了微重力流体物理科学和生物技术研究实验，同时穿插进行微波遥感对地探测和空间环境监测。

多模态微波遥感器对地探测实验

利用空间微波遥感进行对地观测，具有可全天候采集信息的特点。利用多模态微波遥感器（M3RS），则可弥补可见光、红外技术在恶劣天气下不能工作的缺陷，以便获得更加丰富的综合观测结果。

神舟四号搭载的多模态微波遥感器有以下三种。

◆ 辐射模态（RAD）：用于探测降水、水汽含量、积雪、土壤水分、海面温度等；

◆ 高度模态（ALT）：用于探测海面高度、有效波高与大洋环流等；

◆ 散射模态（SCAT）：用于探测海面风速与风向。

进行在轨试验时，可按辐射模态、高度模态＋辐射模态、散射模态＋辐射模态三种组合模式进行工作。

我国首创的多模态微波遥感器在神舟四号上工作正常，结束了我国航天事业没有微波遥感的历史。

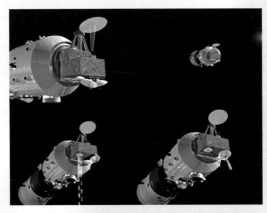

组图：多模态微波遥感器

综合精密定轨试验

多模态微波遥感器对飞船的定轨精度，特别是径向高度的精度要求很高。根据多次论证，研发人员确定采用激光雷达（SLR）测距、船载GPS定位和飞船统一S波段测速测距系统（USB）的观测资料对飞船进行综合精密定轨的方案。参与此项试验的船载设备有：GPS接收机、GPS接收天线、GPS数据处理单元和激光反射器。

空间细胞电融合实验

细胞融合技术是生物加工、培育新品种和生物制药的新技术。神舟四号搭载的细胞电融合仪是我国科学家自行设计研发的，可以在同一套设备中分别进行动物细胞和植物细胞的两项电融合实验，为获得新药物和新植物品种提供了新方法和新技术。

神舟四号在轨运行期间，为两对细胞成功举办了一场筹备十年之久的"太空婚礼"，它们分别是一对动物细胞"新人"——B淋巴细胞和骨髓瘤细胞，以及一对植物细胞"新人"——黄花烟草原生质体和革新一号烟草原生质体。

空间细胞电融合实验的成功，标志着我国已掌握空间细胞融合等技术，为我国空间实验室和空间站生命科学仪器的发展奠定了技术基础。

空间细胞电融合仪

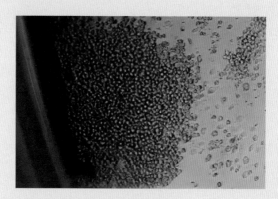

植物细胞电融合的细节放大图

生物大分子和细胞的空间分离纯化实验

为了适应生物医学和生物技术的发展需求，寻求新的高纯度生物材料的分离纯化方法，科学家们安排神舟四号进行了电泳分离实验。主要目的是研究在微重力环境下，因电泳迁移率及各种影响因素下的动态过程稳定性控制、分辨率控制及空间制药分离纯化设备的设计技术等问题。

微重力流体物理实验

液滴热毛细迁移实验是首次在神舟飞船上搭载的、在长时间稳定的微重力环境下进行的空间微重力流体物理科学实验。这项实验除具有重要的学术价值外，还有着重要的空间应用背景，如在微重力环境下的材料加工、晶体掺杂、空间焊接及电泳过程中都会遇到的液滴或气泡迁移问题。

神舟四号安装在实验设备中的摄像机将氟液液滴在硅油中运动的全程拍摄了下来，并传回了实验进行过程中的图像。

液滴热毛细迁移实验在某些关键实验技术上获得突破，取得了重要的技术进步，并为今后的

神舟四号的通用流体实验装置

电泳是离子在外加电场下的迁移现象，由于各种离子在同一电场中的迁移率不同，从而可以达到分离的目的。连续自由流电泳分离具有效率高、设备操作简单、分辨率好、过程和条件可控、对产物机械损伤小等优点，是目前的主要分离手段。

Q：什么是液滴热毛细迁移实验？

A：地球上由于浮力的作用，水中的油滴会漂浮到水面；在太空微重力环境下，液滴的热毛细迁移现象则会显现出来。如果在某种液体中施加温度梯度，液体中的液滴就会由温度低的区域向温度高的区域移动，并留下一条运动轨迹。从液滴在太空中的"迁移"现象，可以研究液滴在微重力环境下的迁移速度、轨迹、尾迹情况。

同领域实验积累了宝贵的经验，标志着中国微重力流体物理空间科学实验的研究能力已处于国际先进水平。

飞船窗口温控技术试验

在神舟一号、神舟二号、神舟三号的飞行任务中已经对轨道舱的对外观察光学窗口进行了试验，主要考核其结构特性和密封性。神舟四号则为窗口组件配置了主动温控设备，并在此次飞行任务中对窗口进行温控试验，以便改善其窗口玻璃的热光学特性，为今后利用光学窗口开展对地观察打下良好基础。

4.4　发射小结

"出差"前的准备

正如我们的生活会受到天气变化的影响一样，神舟飞船在整个"出差"过程中也要实时关注天气现象。太空中的各种带电粒子辐射和中性大气是影响飞船正常工作、威胁航天员生命的重要因素之一。为确保神舟四号在"出差"过程中的安全，科学家早在它"出门"的半年前就开始对太空进行监测预报，为确定飞船发射的具体日期和时间提供了有效的参考依据。神舟四号到达预定轨道后，科学家依旧实时监控着飞船所处的空间环境，并随时发出空间环境预警。

神舟四号返回舱回到地面后，轨道舱及其所载的8台探测仪器仍然留轨运行了半年时间，对飞船运行轨道进行了更详细的监测，为研究和预报空间环境、改进飞船设计等提供了可靠的数据服务，可以称得上是载人飞船执行正式飞行任务前的"侦察兵"。

恶劣天气下的抗争

神舟四号是"神舟"系列载人飞船在载人飞行之前的最后一艘无人飞船，它的试验意义非同寻常，如果在这个过程中有任何闪失，都可能造成无法挽回的重大影响，而且我国航天事业的后续计划也将被全盘打乱！

在临近神舟四号发射窗口时，发射场遭遇了一场罕见的大雪，加上西伯利亚寒流的侵袭，导致了前所未有的持续一周的低温天气。

气温下降到-28摄氏度，室外滴水成冰，这给火箭发射带来了极大的困难和风险。因为在不久之前，研发人员就经历过一次火箭受低温影响险些发射失利的情形。此前我国火箭发射的最低气温为-17摄氏度，面对气温新低点，神舟四号能否顺利发射成为悬在所有人心上的问题。

秉承着严谨的科学态度，根据试验数据，研发人员经过充分论证后认定，火箭发射的最低温度还有"余量"！气象部门经过反复的会商，最终在恶劣的气象环境下，优选出一个"发射窗口"。与此同时，为缩短火箭暴露在严寒天气中的时间，相关工作人员经过充分演练后，调整了发射程序。为了保证发射塔内温度符合最低要求，工作人员还采取了多种保温措施，其中之一就是用149件保暖物品将火箭箭体严严实实地包裹起来的"土"方法，并不断吹送暖风，直至火箭发射前的15分钟，才将这些保温设备撤除。

众人拾柴火焰高，在众多部门、工作人员的共同努力下，2002年12月30日0时40分，"长征二号F"载着神舟四号成功发射升空，刷新了我国航天史上低温发射火箭的纪录，同时创造了世界运载火箭低温发射的奇迹！

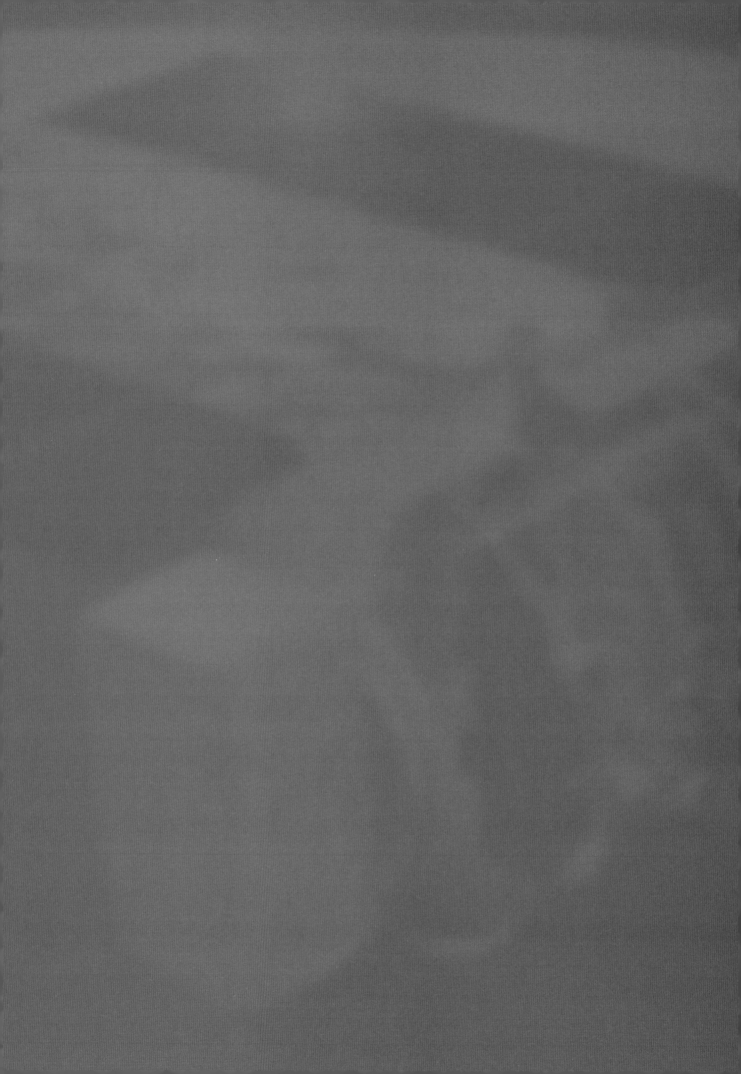

第三章 光年距离的体验者

　　光年，总被人们误认为是时间单位，而且由于光的速度快，所以光年给人的感觉总是瞬息即逝的。实际上，光年是用于衡量宇宙天体之间距离的长度单位，是光在宇宙真空中一年时间沿直线经过的距离。一光年的距离到底有多远呢？答案可能是历史长河中绵延千年不曾断绝的期盼，也可能是一代代中国航天人筚路蓝缕的耕耘。

第1节

神舟五号

- **运载火箭**：长征二号F运载火箭
- **航 天 员**：杨利伟
- **发射时间**：2003年10月15日9时
- **返回时间**：2003年10月16日6时23分
- **发射地点**：酒泉卫星发射中心
- **着陆地点**：内蒙古四子王旗主着陆场
- **发射目的**：考核载人航天工程环境，获取航
  天员空间生活环境及与安全相关
  的数据；考核载人航天工程各系
  统的工作性能、可靠性、安全性
  和系统间的协调性
- **主要任务**：考察航天员在太空环境中的适应性
- **试验任务**：航天员按照预定程序和地面指挥，
  手动补发船箭分离、帆板展开、
  推返分离等指令，完成飞船状态
  监视、血压测量、摄影摄像、饮食睡眠等工作任务

搭载着神舟五号飞船的长征二号F
运载火箭

神舟五号是中国载人航天计划中发射的第五艘飞船，也是继连续四艘无人
航天飞船后发射的第一艘载人航天飞船。

北京时间2003年10月15日9时整，长征二号F运载火箭搭载着神舟五号
从酒泉卫星发射中心发射升空，并成功将第一位中国航天员杨利伟送入太空。

北京时间2003年10月16日6时23分，神舟五号返回舱载着航天员杨利

伟安全降落在内蒙古主着陆场，向全世界宣布了中华人民共和国第一次载人航天飞行任务的圆满完成。

神舟五号载人航天飞行任务的成功，是中国载人航天工程历史性的突破，使中国成为世界上第三个独立开展载人航天活动的国家。这一壮举，使中华民族千年来的飞天梦照进了现实，于21世纪伊始为中国载人航天事业树起了一座耀眼的丰碑。

航天员杨利伟

1.1 飞船特色

神舟五号载人飞船全长8.86米，直径2.8米，总重量达7790千克。其与神舟四号飞船的船舱构型基本相似，并采用了"神舟"系列飞船经典的"三舱一段"式结构，该结构由推进舱、轨道舱、返回舱和附加段组成。

神舟五号此次在轨飞行期间的主要任务是考核载人航天工程的环境，因此工程师们将飞船的附加段从原本的半球体改成加大的圆柱体，并清空了返回舱内的大部分非必要设备，使航天员有足够大的空间进行更多的活动，更好地执行科学观察任务。

虽然此次神舟五号的飞行任务只有杨利伟一名航天员，但返回舱内大约有2.2米×2.5米的可用面积，可容纳三名航天员，为后续的航天员乘组执行任务做好了前期铺垫和准备工作。

航天员乘组：由2名及以上航天员组成的、执行某项航天任务的乘员小组。

神舟五号飞船模拟图

航天员杨利伟在神舟五号驾驶舱内

为了确保在本次飞行任务中航天员不会发生意外，神舟五号在神舟四号的基础上，进行了57处改进，通过了65项相关试验。此次新增加的故障自动检测系统和逃逸系统内设定了几百种故障模式，以保证能够在危险发生的瞬间发出警报，使航天员在火箭发射后的一段时间内也能从火箭中逃生，保证航天员的生命安全；飞船的设计师们用新研制出的胀环式座椅缓冲器取代了之前的切刀式座椅缓冲器，使得飞船即使背向着陆点降落，也能将航天员受到的冲击危害降低到安全范围内。

除此之外，在火箭发射后的上升阶段，北京航天飞行控制中心在海陆区域共设立了7个应急救生区，安排12架直升机、6艘救援船及多辆地面搜救车实时待命，准备随时执行搜救任务；在载人飞船的运行阶段，北京航天飞行控制中心更是在全球范围内专门增加了十个自主应急返回着陆区，让航天员能够在面临突发情况时就近返回；神舟五号还增加了人工控制返回功能，航天员在自动返回系统失效的情况下，也可以通过手动控制返回舱实现安全返回地面。

1.2　中国人的第一次载人航天之旅

【 2003年10月15日9时整 】

杨利伟在神舟五号载人飞船首次载人飞行任务中写的太空日志

在酒泉卫星发射中心载人航天发射场上，搭载着神舟五号的"神箭"——长征二号F运载火箭英姿勃发，在收到"点火"指令后腾空而起，疾速飞向太空。

9时10分前后，神舟五号进入预定轨道。从这一刻起，浩瀚无垠的太空迎来了第一位中国访客——航天员杨利伟。这时，我们的航天员杨利伟在工作日志本的背面写下了一句话——"为了人类的和平与进步，中国人来到太空啦！"

【10月15日9时31分】

北京航天飞行控制中心收到了驻守在南太平洋的远望二号测控船捕获的神舟五号信息。飞船舱内的图像被清晰地显示在大屏幕上,杨利伟在与医学监督医生通话时显得相当沉稳,他说:"我感觉良好!"

10时前后,在神舟五号环绕地球飞行第一圈时,地面指挥人员报告舱内环境正常,杨利伟得到指令,打开面罩,拿着书和笔。当他松开手时,笔在太空失重环境下飘浮起来。

【10月15日10时31分】

神舟五号进入喀什测控站检测区域,接到地面指令的杨利伟轻松熟练地摘下手套,并解开系在膝盖下方的束缚带。

10时40分前后,神舟五号开始绕地球飞行第二圈,杨利伟由卧姿改为坐姿,并通过飞船的圆形舷窗向外观测。

航天员杨利伟在太空中展示了中华人民共和国国旗和联合国旗帜,并用中英两种语言说:"和平利用太空,造福全人类。"

神舟五号搭载了一面具有特殊意义的中国国旗、一面北京2008年奥运会会旗、一面联合国旗帜、人民币主币票样、中国首次载人航天飞行纪念邮票、中国载人航天工程纪念封和来自祖国宝岛台湾的农作物种子等。

【10月15日11时】

杨利伟开始在太空中进餐。他一边看书，一边用捏挤包装袋的方式享用着这顿不同寻常的午餐。

12时前后，在太空"出差"的杨利伟第一次休息。仰面躺卧的杨利伟表情况静，且他的这次酣眠持续了大约3个小时。

15时52分，北京航天飞行控制中心向杨利伟了解飞船的工作状况和他的身体状况，他报告说：航天服气密性良好，飞船工作正常。

【10月15日15时54分】

神舟五号变轨程序启动，飞船尾部喷出橘黄色火焰，加速飞行。很快，飞船重新恢复平稳的飞行状态。整个过程中，航天员杨利伟始终神情镇定。远望二号测控船向北京航天飞行控制中心汇报：神舟五号变轨成功。

18时40分许，神舟五号围绕地球运行到第七圈，杨利伟在太空中展示中国国旗和联合国旗。他在距地面343千米的太空中说："向世界各国人民问好，向在太空中工作的同行们问好，感谢全国人民的关怀。"

【10月15日19时58分】

神舟五号围绕地球运行到第八圈时，杨利伟与妻子张玉梅、儿子杨宁康通话。杨利伟对妻子说："在太空感觉很好，太空的景色非常美。"又对儿子说，"好儿子，我看到咱们美丽的家了！"

杨利伟与父母妻儿进行天地对话

【10月16日5时35分】

神舟五号围绕地球飞行到第十四圈时，北京航天飞行控制中心向飞船发送了返回指令。按照程序，神舟五号建立返回姿态，经过返回制动、轨道舱与返回舱分离、推进舱与返回舱分离等一系列太空控制动作，返回舱开始从太空返航。

【10月16日6时许】

航天员杨利伟报告身体状况良好。返回舱引导伞已打开。

稍后，航天员杨利伟再次报告身体状况良好。返回舱主伞工作正常。

【10月16日6时23分】

神舟五号在太空绕地球运行14圈，历时21小时23分，顺利完成各项预定操作任务后，在内蒙古主着陆场成功着陆。实际着陆点与理论着陆点相差4.8千米，返回舱完好无损，航天英雄杨利伟自主出舱。

至此，我国首次载人航天飞行任务圆满完成！

1.3 发射小结

这是中国人第一次进入太空，从这一刻起，星辰大海不再是遥不可及的梦，我们中国人终于实现了自由往返于天地之间的梦想。

杨利伟面对镜头做出"胜利"的手势

神舟五号载人飞船首次载人飞行带上太空的国旗

杨利伟在神舟五号载人飞船上的"自拍照"

神舟五号载人航天任务的圆满完成，离不开每一位航天人的奉献与拼搏。航天员杨利伟在这次飞行任务中，凭借自身的意志克服了重重困难，为我国接下来的载人航天任务的顺利开展积累了诸多宝贵的经验。

技术限制的窘境

2003年，神舟五号载人航天飞船上还没有清晰的直播设备，第一次执行载人航天任务的航天员杨利伟只携带了一台500万像素的普通数码相机。当时飞船内也没有方便航天员"自拍"的设备，杨利伟借助工具包中的胶带，将相机固定在前仪表板上，才完成了自拍。

可惜的是，由于当时相机存储容量的限制，在中国人的首次太空之旅中，杨利伟只拍摄了100多张照片。

一次飞行，三次惊险

虽然神舟五号飞行任务最终圆满完成，但过程却充满了艰难险阻，甚至出现了突发险情。

2003年10月15日，神舟五号在长征二号F运载火箭的托举下腾空而起。火箭升空时的推力给飞船内的航天员带来了巨大的压力。这种压力，对于平时接受过相关训练的航天员杨利伟来说尚在可承受范围内，可是在飞船发射的上升阶段，火箭与飞船产生了共振。

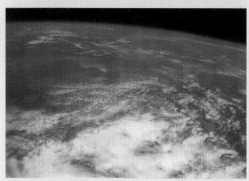

组图：杨利伟在太空拍摄的作品

在常态下，这种共振不足以致命，但当时的航天员杨利伟还处在火箭推动带来的巨大压力中，两者叠加，让从未经历这种训练的航天员杨利伟经历了"感觉自己要牺牲了"的26秒。最终，他用惊人的意志力挺过了最艰难的时刻，成功进入太空。

在神舟五号的返回阶段，航天员杨利伟再次历险。飞船返回舱在返回地球的过程中与大气摩擦，会在舱外产生1600摄氏度以上的高温。此时，神舟五号返回舱左右两侧的舷窗陆续出现了裂纹。事后经过研发人员确认，裂开的只是返回舱的防烧涂层，并不是舷窗。幸好这只是虚惊一场，如果当时舷窗真的产生了裂纹，那么对于返回舱内的杨利伟来说将是致命的威胁。

当神舟五号返回舱划破天际出现在众人目视范围内时，第三次惊险随即而至。为返回舱减速的降落伞轻微破损，导致神舟五号返回舱的落地速度过快，返回舱就像皮球一样在落地后重新弹起，返回舱在第二次落地时产生的冲击力导致航天员杨利伟向右重重撞去，头戴式话筒上的棱角划破了他的嘴角。

万幸的是，神舟五号返回舱的质量与我们的航天员心理素质过硬，才使得二次落地并未出现更严重的事故。除嘴角处的轻微伤口外，航天员杨利伟的身体状况一切正常，在落地后更是能够自主出舱。

都说伤疤是英雄的勋章，在此，让我们向航天英雄杨利伟致敬！

神舟五号着陆瞬间

航天员杨利伟嘴角轻微受伤

致命的8赫兹共振

当两个物体振动频率相近时，它们之间就可以在完全没有任何接触的情况下传递能量。8赫兹是火箭飞行过程中固有的振动频率，人体内脏的振动频率恰好也是8赫兹，两者在飞行过程中产生了共振，给人带来的痛苦是难以想象的。

第2节

神舟六号

神舟六号发射升空

· 运载火箭：长征二号F运载火箭
· 飞行乘组：费俊龙（指令长）、聂海胜（协助员）
· 发射时间：2005年10月12日09时00分
· 返回时间：2005年10月17日04时33分
· 发射地点：酒泉卫星发射中心
· 着陆地点：内蒙古四子王旗主着陆场
· 发射目的：深入考核各系统的工作性能，为我国载人航天事业的持续发展进行必要的试验和探索
· 主要任务：实现有航天员参与的空间科学实验；继续考核和完善载人航天工程七大系统的功能和性能
· 试验任务：多人值乘；多天飞行；人工实验；多舱工作

　　神舟六号，是中国载人航天计划中发射的第六艘飞船，也是中国第二次实施载人航天飞行计划，它的成功发射与返航标志着中国载人航天"三步走"发展战略的第二步已顺利迈出。

2.1 飞船特色

　　神舟六号仍然沿用"三舱"结构，轨道舱的总长度为2.8米，最大直径为2.25米，飞船的总重量基本保持在8吨左右。

相较于神舟五号，神舟六号新增了40余台设备和6个软件，飞船总设备数达到600余台、软件82个、元器件10万余件，并做出了四个方面共110项技术的改进。"黑匣子"不仅存储量比原来大了100倍，而且数据的写入和读出速度也提高了不止10倍，体积却不到原来的一半。

2.2 新挑战，新技术

作为我国载人航天计划中的第二艘载人航天飞船，虽然有神舟五号的成功先例，但神舟六号载人航天任务的危险程度丝毫没有降低，以至于在费俊龙和聂海胜两位航天员出发前，战友们又说了一遍："放心吧，家里有我们呢！"这情景，与神舟五号航天员杨利伟出征前一模一样。

此次神舟六号执行载人航天任务，不仅涉及多人、多天、多舱三个要素，还面临着多项"第一次"的挑战，比如第一次由两名航天员组成的乘组执行任务、第一次进行有航天员参与的空间科学实验等，其任务的复杂程度远超神舟五号。

1992年9月21日，中央决策实施载人航天工程，确定了我国载人航天"三步走"的发展战略：

第一步，发射载人飞船，建成初步配套的试验性载人飞船工程，开展空间应用实验；

第二步，突破航天员出舱活动技术、空间飞行器交会对接技术，发射空间实验室，解决有一定规模的、短期有人照料的空间应用问题；

第三步，建造空间站，解决有较大规模的、长期有人照料的空间应用问题。

太空中每名航天员每天通过呼吸、排汗等正常代谢，大约会产生1.8千克的水汽。

当空气中的二氧化碳浓度低于2%时，对人没有明显的危害，超过这个浓度则可引起人体呼吸器官损坏。一般情况下，二氧化碳不是有毒物质，但当空气中的二氧化碳浓度超过一定限度时，就会使人体产生中毒现象，高浓度的二氧化碳则会让人窒息。在含氧量正常（20%）的空气中，二氧化碳的浓度越高，动物的死亡率就越高。

为了保证费俊龙、聂海胜两位航天员具有良好的生存环境与活动空间，可以顺利完成航天实验任务，神舟六号首次全面启动环境控制和生命保障系统。

环境控制与生命保障系统，简称"环控生保系统"，其功能可以概括为八个方面，分别为环境控制功能、循环和净化功能、水处理功能、废物处理功能、饮食供应功能、卫生保健功能、安全与消防功能、舱内外活动保障功能。

环境控制

有一个常见的生活现象，可以让我们直观地感受到人对于密闭空间内湿度的影响：如果你冬天待在封闭的小空间中，比如待在小汽车里，你会发现要不了多久车窗上就会起雾，这是空间内气体遇冷液化的表现，小汽车里的人越多，车窗起雾速度越快，面积越大，这就说明人越多，对密闭空间内湿度的影响越大。在神舟六号这样一个体积不算太大的密闭空间里，只需要三个小时，两名航天员就能使船舱内的空气湿度达到100%。

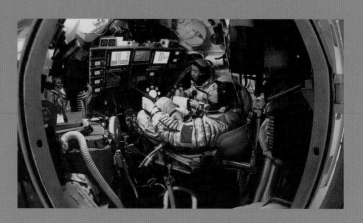

在轨道舱中工作的费俊龙与聂海胜

在地面上，当空气湿度过高时，就会出现大雾或下雨的天气现象。而在载人航天飞船内，过高的空气湿度不但会影响人体调节体温的排汗功能，让人感到闷热，影响航天员的工作效率，还会增加舱内设备短路的安全隐患发生的可能性。

除了空间内湿度升高的问题，航天员呼吸带来的第二个问题来自呼出的二氧化碳气体。在地面上呼吸时，我们不用考虑呼出二氧化碳造成的问题，因为我们可以通过多种方式让房间内外的空气流通。但是载人航天飞船处于太空的失重环境中，不可能随便通风。由于船舱内空气不流通，航天员呼出的二氧化碳就像在静止的水盆里滴入墨水一样，二氧化碳会停留在航天员的口鼻附近，很可能会被反复多次吸回去。时间久了，飞船内的二氧化碳浓度升高，就可能造成航天员呼吸困难，甚至是窒息。

为了应对多人、多天活动时产生的水蒸气和二氧化碳气体带来的诸多问题，神舟六号采用了和神舟五号相同的供气调压系统，氧气、氮气由高压钢瓶携带上飞船，再通过控制阀来调节释放，以保证舱内的气体成分与地面一致。

神舟六号飞船内部首次启动了先进的通风净化系统和空气循环系统，这两个系统可以将空气中的灰尘杂质及时清除，使空气质量始终保持在优良等级以上；再借助一种吸附孔隔膜，通过施加一定的压力让空气通过，并将空气内的水汽吸附下来，从而降低空间内的湿度。

这样一套"组合拳"打下来，再加上温湿度控制系统中的专用空调进行温控，船舱内的温度可以始终保持在17—25摄氏度，相对湿度保持

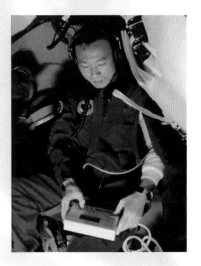

在神舟六号飞船里认真工作的费俊龙

神舟六号飞船一共携带了50千克左右的氧气，返回舱内还配有一套应急系统，能够供应航天员使用24小时的氧气，同时吸收二氧化碳，以确保航天员不会缺氧和窒息。

聂海胜进餐，美味佳肴飘进口中

在30%—70%，这种环境对于在船舱内工作的航天员来说是非常舒适的。

生命保障

在保障航天员的日常生活上，神舟六号轨道舱考究地模拟了地球上的就餐环境，还设置了食品柜，用以存放可供航天员选择的"工作餐"。

在此次任务执行过程中，轨道舱还配备有食品加热装置，30分钟左右就能加热好食品。我们的航天员可以将食品放在具有磁性吸附能力的餐盘中进餐，这是我们的航天员第一次在太空中吃到热饭、热菜。

在饮水方面，神舟六号通过水箱和单独的软包装这两种方式为航天员准备了生活用水。不过，航天员们在太空中饮水可没有我们在地面上饮水那样容易，因为飞船中的气压小于地面气压，航天员靠自己用嘴是吸不动液体的。为了解决这一难题，航天员们把一根铅笔粗细的吸管插入容器中，通过气泵给予水一定的压力，水就会被射进航天员的嘴里。

在保障航天员的睡眠方面，贴心的工程师们在神舟六号的轨道舱中增加了一个睡袋，可供两名航天员在执行任务期间轮流休息。

在卫生方面，轨道舱内配置有一个专门的清洁用品柜，航天员们可以用里面的物品对船舱进行简单的清洁，大小便收集装置也在此次任务中被首次使用。

2.3　太空实验

2005年10月13日，神舟六号飞行正常，费俊龙、聂海胜两位航天员在地面工作人员的指导下，开展了多项科学实验。

（1）开关舱门试验

人类对太空的探索不会止步于在小小的飞船舱内观测，但踏出舱门前需要做好充分的准备。在此次神舟六号的两名航天员的任务清单内，就包括为神舟七号航天员的出舱活动做铺垫准备。

一直以来，出舱活动有两个核心问题需要解决：一、航天员出舱时，应该采用怎样的密封技术，才能避免因舱门内外压差过大而出现意外事故？二、出舱活动时，航天员所穿的航天服必须具备哪些性能？

神舟六号的航天员们主要针对第一点，进行了相应的科学实验。

开关舱门，顾名思义，就是将两个船舱之间的舱门打开再关闭，这次进行实验的舱门是返回舱与轨道舱之间的舱门。这是我们的航天员首次在轨进行开舱门实验。

在日常生活中，我们经常会进行开关门的动作，这对我们来说是一个很容易、很安全的行为，但对于身处太空的航天员来说，这样一个简单的小动作，却关系着他们的生命安全。

隔绝船舱内部与外太空的舱门是安装在轨道舱上的，航天员在出舱活动时一旦遇到危险，可以选择放弃轨道舱，回到返回舱，再通过返回舱安全回到地面。所以，返回舱与轨道舱之间的舱门，是保障航天员生命安全最重要的底线。因此，神舟六号航天员这次的实验任务非常危险，原因是开关的舱门一旦出现问题，航天员们很可能无法安全返回地面。

其实，打开舱门的操作并不难，难点在于怎样便捷地打开，怎样安全地关闭，之后又怎样避免舱门在误操作时意外打开。在这一系列实验进行完毕后，神舟六号的航天员最终还要验证这道舱门能不能严格密封。就像我们在往保温杯里倒开水时，必须保证杯盖完美闭合，才能避免当杯子倾斜或翻倒时被洒出来的开水烫伤。返回舱在返回地面时，与大气摩擦会在舱外产生1600摄氏度以上的高温，如果返回舱舱门出现密封不严、意外打开的情况，后果将不堪设想。

为了保障航天员的生命安全，科研人员研发出了一种特制的擦拭工具，这种布不产生纤维、静电、异味，专门用来清洁舱门。再配合严格的开关门流程，航天员费俊龙完美完成了这项任务，验证了舱门在太空中关闭密封和快速检漏功能完全正常。

（2）穿脱压力服试验

完成开关门实验后，航天员费俊龙回到返回舱，在规定时间里进行了穿脱压力服试验，并圆满完成任务。

（3）穿舱试验

神舟六号在轨飞行第20圈、处于远望二号测控船的测控弧段内时，费俊龙从座椅上起身，拉着扶手、助力绳，头先脚后地飘入轨道舱，随后以原来的姿势飘回返回舱。聂海胜则从轨道舱到返回舱进行了两次类似动作。三次穿舱试验顺利完成。

（4）抽取冷凝水

13日17时10分许，轨道舱内的航天员于4分钟内连续按动抽取冷凝水开关约百次，地面人员监控了这一过程。在正常情况下，根据舱内湿度的变化情况，航天员需每隔3小时抽取一次冷凝水。

本次航天飞行的四项"在轨干扰力"试验都获得了成功。结果表明，航天员较大幅度的动作对飞船姿态影响微小，飞船姿态保持良好，姿态控制发动机不需要启动。从此之后，神舟中的航天员就可以放心大胆地进行类似幅度的动作了。

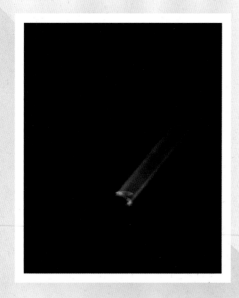

神舟六号飞船返回舱进入大气层，飞临主着陆场

2.4 发射小结

神舟六号共飞行115小时32分钟，飞行77圈，行程约325万千米。这次的航天飞行任务因为有了神舟五号的经验，在升空和返回时都没有发生意外和险情，两位航天员在太空中更是创造了很多第一次——第一次在太空中睡觉、量血压、"洗脸"、"吃大餐"、进行太空拍摄，甚至进行在轨干扰力试验……

两年前，我们国家航天员的太空生活只能维持生存所需，两年后却发生了质的改变，这一切都是基于无数航天人的付出和努力，是他们日复一日、年复一年的付出，让一切不可能成了可能。

但这一路走来并不是一帆风顺。神舟五号有磨难和险境，神舟六号在发射前也经历了一些波折。神舟六号发射当天，发射场下起了漫天大雪，一阵大风突然袭来，风速更是超过了发射的安全要求，所有人都为发射计划能否按时实施捏了把汗。

5时30分，航天员们按时出征。迎着漫天大雪，费俊龙对战友说："我们就把这漫天的雪花当作送我们的礼花。"

幸运的是，当护送航天员的车队到达问天阁时，雪停了，风也停了，阳光洒在长征二号F运载火箭上。9时整，伴随着"点火"口令的发出，神舟六号飞船在火箭的轰鸣声中载着航天员费俊龙、聂海胜飞向了太空。

2005年10月15日18时06分，航天员聂海胜在神舟六号飞船返回舱内向地面传回太空图像

费俊龙、聂海胜迎着漫天风雪出征

第四章 太空漫步的旅行者

古往今来，对于遨游太空的渴望深深地刻印在中华民族的传统文化中。敦煌壁画上的飞天翩若惊鸿，戏文话本里的神仙腾云驾雾，仿佛遨游穹宇比在地面上行走更加简单轻松。但当中国航天人将这一切变成现实时，我们发现每一步都不似想象中那般潇洒飘逸。

神舟七号

- **运载火箭：**长征二号F运载火箭
- **飞行乘组：**翟志刚（指令长）、刘伯明（协助员）、景海鹏（协助员）
- **发射时间：**2008年9月25日21时10分
- **返回时间：**2008年9月28日17时37分
- **发射地点：**酒泉卫星发射中心
- **着陆地点：**内蒙古四子王旗主着陆场
- **发射目的：**突破和掌握航天员出舱活动相关技术；试验和验证卫星在轨释放技术和伴随飞行技术；验证中继卫星系统的性能及其与飞船、任务中心之间的协调性；研究外太空环境引起材料特性衰变、改性的机理，探索用于提高航天设备中机械运动部件固体润滑材料性能的技术途径

神舟七号发射升空

- **主要任务：**航天员出舱活动
- **试验任务：**伴飞卫星试验；天地数据中继系统数据传输试验；固体润滑材料和太阳电池基板材料外太空暴露试验

发射现场指挥中心

航天员出发前挥手示意　　　　　　　　　　　　航天员进入飞船前挥手示意

　　神舟七号是中国载人航天计划中发射的第七艘飞船，也是我国第三次实施载人航天飞行计划，更是中国载人航天史上航天员第一次执行出舱任务。

　　神舟七号第一次搭载了由三人组成的飞行乘组，其中包括指令长一名、协助员两名。在此次航天飞行任务中，指令长翟志刚负责完成出舱任务，协助员刘伯明留在轨道舱内协助翟志刚的出舱工作。航天员们与北京航天飞行控制中心的技术人员们同心协力，圆满完成了中国载人航天史上的首次"太空漫步"。

　　翟志刚迈出船舱的第一步，不仅是中国航天员在漫漫穹宇中迈出的第一步，更是我国载人航天"三步走"战略中重要的一大步。神舟七号载人航天任务的圆满完成，标志着中国已成为世界上第三个有能力将航天员安全地送入太空，并执行出舱任务的国家。

1.1　飞船特色

　　神舟七号全长9.19米，是神舟系列载人航天飞船家族中的高个子。自它开始，神舟飞船经典的"三舱一段"式结构中的附加段，被正式的空间对接机构取代，附加段圆满完成历史任务，光荣退役。

　　因为此次神舟七号航天飞行的主要目的是突破和掌握航天员的出舱活动技术，所以，神舟七号在方案设计、系统研制的过程中，进行了多项关键技术的攻关和突破。

气闸舱与生活舱一体化设计技术

　　为了服务航天员的出舱任务，神舟七号的轨道舱额外增加了一个新身份——气闸舱。

　　在载人航天器中，气闸舱是航天员进出入太空时用作"中转站"的气密性装置。气闸舱一般设有两个气闸门，一个通向舱外的太空环境，这个门通常被称为"外舱门"；另一个门通向返回舱，被称为"内舱门"。由于船舱内与太空中的环境完

神舟七号国产出舱航天服及气闸舱

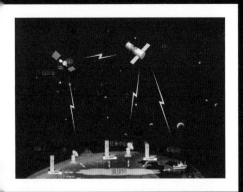

航天测控网组成示意图

我国首颗伴飞卫星——伴星一号

全不同，为了方便航天员从船舱安全地进入太空环境并返回，就需要设置气闸舱这种过渡空间。

为了使轨道舱拥有气闸舱的功用，神舟七号轨道舱增加了泄复压控制功能、出舱活动空间支持功能、舱外航天服支持功能、出舱活动无线电通信功能、舱外活动照明和摄像功能、出舱活动准备期间的人工控制和显示功能等一系列新功能。

出舱活动飞行程序设计技术

考虑到航天员出舱活动给飞行程序带来的多种约束条件，研发人员设计出具备在轨飞行支持出舱活动的程序平台。该平台可以根据航天员的生理条件、舱外航天服的工作状态，进行飞行期间航天员的操作项目编排并生成飞船上的自动控制程序，使飞船的自动控制项目与航天员的手动操作项目相匹配、相协调。

中继卫星数据终端系统设计及在轨试验设计技术

神舟七号装载了我国中继卫星系统的首个用户数据终端系统，飞船在轨期间进行了国内首次天地数据中继系统数据传输试验。

伴飞卫星释放支持及分离安全性设计技术

神舟七号为伴飞卫星提供了释放平台和释放能力，有效解决了伴飞卫星释放后对飞船安全性的影响问题。

1.2 运行历程

飞天入轨

【2008年9月25日】

21时10分，"点火"指令下达，长征二号F运载火箭搭载着神舟七号成功发射升空。

22时07分，神舟七号成功入轨后，发布了第一次在轨和出舱活动空间环境预报：空间环境平静，飞船在轨运行安全。

23时19分许，神舟七号在轨飞行第二圈的过程中，航天员翟志刚首次从返回舱进入轨道舱开展工作。

披挂上阵

【2008年9月26日】

4时04分，神舟七号成功由椭圆轨道变轨为近圆轨道。

10时20分许，航天员们开始组装测试舱外航天服。

21时47分许，"飞天"和"海鹰"两套舱外航天服均组装完成。

23时36分许，翟志刚穿着中国自主研发的"飞天"舱外航天服在太空首次亮相。

伴飞卫星，又称伴随卫星，是伴随在另一航天器附近做周期性相对运动的卫星。伴飞卫星大都具备一定的轨道机动能力，往往以空间站、航天飞机、载人飞船或大卫星等大型航天器作为任务中心或服务对象（主星），与主星按照一定的空间相对构型共同在轨飞行。在未来的载人航天飞行任务中，伴飞卫星将成为主航天器的重要服务和支持工具，既可以作为主航天器的安全辅助工具，对主航天器进行工作状态监测和安全防卫；也可以为航天员出舱活动及空间飞行器交会对接等提供直接的技术支持。

航天员出舱前吸氧排氮

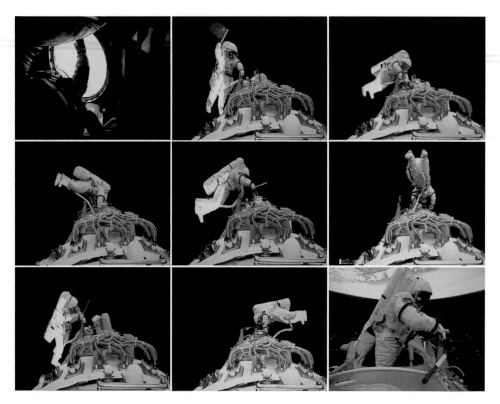

组图：航天员出舱"太空漫步"

太空漫步

【2008年9月27日】

13时57分许，返回舱舱门关闭，航天员们开始进行出舱前的准备工作。

14时许，经神舟七号飞行任务总指挥部决定，翟志刚执行出舱任务，刘伯明在轨道舱内支持配合翟志刚的出舱活动，景海鹏值守返回舱。

15时30分许，舱外航天服气密性检查正常，气压阀检查正常。

15时48分许，神舟七号轨道舱开始进行第一次泄压。

16时22分许，翟志刚穿好舱外航天服。

16时26分许，神舟七号轨道舱开始第二次泄压，当舱内气压降至2千帕时，即可满足航天员出舱活动的条件。

16时39分许，在刘伯明、景海鹏的协助和配合下，中国神舟七号载人飞船航天员翟志刚顺利出舱，实现中国航天首次空间出舱活动。

16时48分，航天员翟志刚在太空迈出第一步，开启了中国人的第一次太空行走活动。

16时59分许，翟志刚完成太空行走任务，返回轨道舱内，并完全关闭轨道舱舱门。

19时24分，神舟七号在轨飞行至第31圈时，成功释放伴飞小卫星。这是中国首次在航天器上开展微小卫星伴随飞行试验。

20时16分许，伴飞卫星完成对神舟七号20分钟的拍照任务，图像十分清晰。

21时45分，神舟七号上的三位航天员与家人进行天地通话。

重返地球

【2008年9月28日】

11时16分许，三名航天员穿好舱内压力服，做好返回准备。

17时20分许，神舟七号返回舱的降落伞被成功打开。

17时21分许，神舟七号进入黑障区，与地面指控中心的通信暂时中断。

17时24分许，神舟七号冲出黑障区。

17时25分许，返回舱内的三名航天员向地面指控中心通报身体状况：感觉良好。

17时36分许，神舟七号完成载人

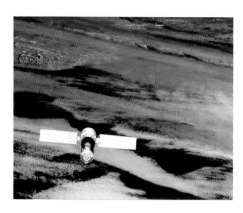
位于飞船前上方200多米处的伴飞卫星

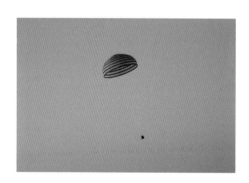
神舟七号平安归来

神舟七号平稳着陆

航天任务，返回舱带着三名航天员安全着陆。

18时22分许，航天员翟志刚出舱。

18时23分许，航天员刘伯明、景海鹏出舱。

至此，神舟七号圆满完成此次载人航天飞行任务。

1.3　太空漫步

航天员的出舱活动，一共分为四个阶段、八个关键节点。

四个阶段按照时间顺序进行，分别是在轨组装舱外航天服阶段、在轨检查与训练阶段、出舱准备与过闸阶段、航天员舱外活动及返回过闸阶段。其中，航天员舱外活动阶段的危险系数最高。

八个关键节点共涉及数百个步骤，总结如下：

◆ 拆包与组装检测

我国自主研发的"飞天"舱外航天服，其实并非一件完整的"连体服"。由于它的构造和对安全、性能方面的考虑，在飞船发射时，"飞天"舱外航天服会被拆分成多个部分，打包后固定在轨道舱中，等到需要使用时再由航天员启封，重新组合拼装成一套完整的舱外航天服。

航天员将航天服穿戴整齐后，还需要进行尺寸调整、气密性检查和全性能测试，一切检查结果均显示正常才算是完成了航天服的穿戴。

◆ 预演出舱活动

神舟七号的航天员们已经在专用水槽中进行过模拟失重训练，但水中的失重环境和太空中的有所不同，为了确保此次出舱任务万无一失，航天员需要在正式出舱前进行一次预演活动。

预演活动包括在轨准备活动和舱外作业两项，为了避免航天员出现"航天运动病"，此次预演需要控制运动量，而且在预演结束后，航天员们需要休息数小时来为正式的出舱任务留足体力。

> **航天运动病**，即空间运动病，是载人航天器在轨运动刺激人体所引起的综合征，具体表现为航天员在太空飞行初期可能会发生眩晕、恶心、呕吐等类似于地面运动病的症状。

航天员出舱

航天员挥手致意

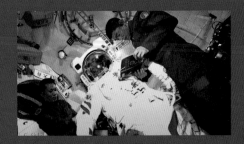

准备出舱行走的航天员

航天员在轨道舱外

神七航天员出舱活动——取固体润滑材料

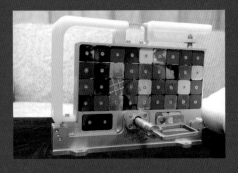

神舟七号载人航天飞行任务中搭载的固体润滑材料实验样品

◆ 清场

由于飞船舱内空间有限，航天员们需要在出舱前将轨道舱中不能承受太空环境的物品转移到不受出舱任务影响的返回舱内。当然，为了保证返回舱不受影响，航天员们还需要将返回舱与轨道舱之间的舱门关好并密封。

◆ 逐步泄压

在航天员们重新完成舱外航天服的穿戴和检测后，舱外航天服将进行服装内的加压，气闸舱则逐步开始泄压。

当气闸舱的气压低至3千帕时，舱外航天服与飞船的气液组合连接器断开，舱外航天服的运作模式转变为完全自主供氧和冷却，舱外航天服内的压力会升至40千帕——经过专门测验，这个压力值是人体承受范围内的最佳压力值，既能保证舱外航天服的气密性，还能不影响航天员的自由活动。

与此同时，轨道舱会进一步泄压，直至气闸舱内接近真空环境。

◆ 打开舱门

当气闸舱内气压降至2千帕左右时，航天员就可以打开舱门执行出舱任务了。航天员需要先解锁舱门，将其打开至60度，让气闸舱和太空环境进行充分"换气"，直至两侧的压力值相对平衡时再将门彻底打开。当然了，是门就会有打不开的可能，应对的方法也很常见——舱内备有专门的工具，方便航天员们将门撬开！

需要注意的是，为了保证舱门重新关闭后的气密性，航天员出舱前还需要为舱门套上专门的保护罩，避免出舱活动可能产生的剐蹭。

◆ 回收实验材料

固体润滑材料试验，是在飞船发射前将多种固体润滑材料装在飞船舱外，并暴露在太空中，任其接受40小时以上的太空物质侵蚀，再由航天员在完成出舱任务时进行回收。

航天员身体部位出舱的顺序是头先脚后。根据最初的计划，翟志刚在出舱后先面向气闸舱上的摄像头"打招呼"，而后再完成回收实验材料的工作。

◆ 太空行走

当回收实验材料的工作完成后，翟志刚需要沿着气闸舱的舱壁进行"太空漫步"。就像在地面上进行高空作业的人需要系安全绳来保证自身安全一样，翟志刚的身上也有两条安全绳与飞船相连。

由于太空环境不同于地面，人体在失重状态下，不接触物体时是完全没有行动的发力点的，所以航天员想要行走就必须依靠其他物体。翟志刚在进行太空行走时，两条安全绳需交替固定在气闸舱的舱壁扶手上，不论做什么动作，都要保证至少有一根安全绳固定在飞船上，这也是每一位执行出舱任务的航天员必须遵守的一条铁律。

◆ 回舱关门

即使在出舱任务的收尾阶段，航天员

组图：航天员出舱

依然不能大意。为了保证整个收尾工作顺利完成，翟志刚需要执行一系列与出舱阶段相反的工作——脚先进入气闸舱，然后倒退回到船舱中，完美关闭舱门并密封，等待气闸舱复压到正常状态后再脱下舱外航天服。

1.4 太空实验

除了实施我国航天员第一次空间出舱活动任务，神舟七号在轨飞行期间，航天员们还完成了三项空间科学研究与试验。

伴飞卫星（简称"伴星"）试验

伴星技术是国际航天领域中极为重要的一项应用技术。神舟七号载人飞船的伴星，是我国自主研发的第一颗空间伴随微小卫星。

神舟七号的伴星采用两舱结构一体化设计，使用轻型镁合金材料作为主结构框架，整星质量不超过40千克，同时具有光学成像、大容量压缩存储、机动变轨、伴随飞行、自主导航、多模式指向、测控数据传输等多种功能。

神舟七号在轨运行期间进行了伴飞卫星试验，主要是为了达成以下三个目标：

◆ 验证微小卫星的多项技术，为空间应用技术积累经验

作为微小卫星的一种，伴星具有任务配置灵活机动、可由主航天器进行释放入轨等特点，在未来空间应用中具有独特的技术优势。

◆ 为航天器交会对接技术探路

作为载人航天"三步走"战略中第二步的开端，神舟七号不仅要完成对当下发展阶段技术的验证任务，还肩负着为后续载人航天任务探路的责任。此次通过伴星对神舟七号进行绕飞动作，不仅验证了地面测控系统同时对多个目标进行精准测控的技术，还为执行交会对接任务时，地面导引控制技术积累了相关经验。

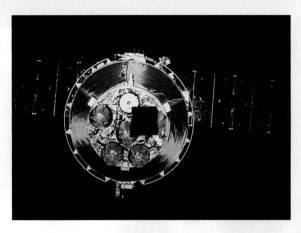

神舟七号伴星的宽视场相机开启后，为神舟七号
拍摄了第一张照片

◆ 服务于主星

利用伴星携带的功能，能够对主航天器进行全方位、可重复、高清晰的观测，获取主航天器较完整且多角度的图像资料信息，从而为测控人员、工程决策人员掌握主航天器运行技术状态提供更多信息。

这是我国第一次释放伴随卫星进行伴飞任务，这次试验的成功收官，使我国正式成为世界上第三个掌握空间释放和绕飞技术的国家！

天地数据中继系统数据传输试验

航天器环绕地球飞行，但我国在全球范围内能够布置的地面测控站与海上测控船数量有限，加上地球是一个不规则的球体，受地球曲率的影响，地面控制中心对一个飞行弧段（某测控站或测控船能够测控的空中区域）的有效测控通信时间仅6—7分钟，这是必须突破的技术瓶颈。

而在太空中，数据信号传输几乎不会受到地球曲率的影响。在正常情况下，一颗放在同步轨道上的卫星几乎可以监视地球三分之一的面积。也就是说，在地球上空以120度为间隔，布置三颗数据中继卫星进行数据传输，理论上就可以达到100％的测控通信覆盖率。

基于我国未来载人航天工程的发展规划，天地基一体化测控通信系统是未来我国航天测控的发展方向。天地数据中继系统数据传输试验，则是我国为构建天地基一体化航天测控系统而做的第一项测试性试验，是天基测控系统的重要组成部分。

此次在神舟七号进入预定轨道后，安装在飞船推进舱的中继卫星终端，通过天链一号中继卫星，与地面接收站进行了数据传输试验。北京航天飞行控制中心与中继卫星中心分别向飞船和天链一号卫星注入数据，并顺利完成了数据传输。至此，神舟七号天地数据中继系统数据传输试验获得了成功。

固体润滑材料的在轨试验

机械装置的良好运转离不开润滑剂的作用，润滑剂在一定程度上影响着机械装置的使用寿命。当时已知的液体润滑剂进入太空环境会瞬间气化，难以维护机械装置。为了解决这一问题，固体润滑材料成了航天器材中被广泛应用的润滑剂。随着我国发射航天器次数的增多，对性能更优的润滑剂的需求变得越发迫切。能经受住太空环境和太空物质侵蚀的材料，能为科学家们带来大量的参考数据，以便帮助科学家们研制出更好的固体润滑材料。

此次在神舟七号的任务列表中，首次添加了固体润滑材料在空间中的暴露试验。试验所用的固体润滑材料试验装置是一件能够可靠锁紧和便利解锁的锁紧装备。研究人员在飞船发射前将装有试验样品的样品台可靠地固定在舱外，当飞船飞至第29—30圈时，由出舱活动的航天员便利地解锁并回收样品台。此次在样品台的双面，研究人员共放置了80片、总计15种试验材料。

1.5　发射小结

神舟七号载人航天飞船是中国载人航天工程第二阶段的首

次载人航天飞行，不仅突破了航天员出舱活动的重大关键技术，更为下一步空间站的建设夯实了技术基础。

与神舟五号、神舟六号相比，除了与飞船相关的新技术，神舟七号在舱外航天服和航天员地面训练等关键技术上，也有较大幅度的突破。

"飞天"舱外航天服

舱外航天服是航天员走出航天器到舱外作业时必须穿戴的防护装备，它实际上是一个浓缩型的舱外生命保障系统，可以说是最小的载人航天器。

神舟七号航天员翟志刚所穿的"飞天"舱外航天服在真空环境下可自主工作4小时，使用寿命不低于5次；总重量不超过120千克；服装气体泄漏率不大于2升/分钟；应急供氧时间不小于30分钟；平均散热量为300瓦；适用身高为165--175厘米。

航天员的地面训练

针对神舟七号航天员任务主动操作多、难度大、在轨应急处置情况复杂等特点，航天员系统周密地考虑了各种可能出现的复杂情况和风险，决定从实战出发，从难从严加强航天员训练，切实增强航天员执行任务的能力，特别是对各种应急情况的处置能力。

神舟七号航天员的针对性训练任务，包括以下六个方面：

神舟飞船的设计师们考虑到航天员身着"飞天"舱外航天服，充压后服装体积会增大，所以神舟七号的舱门通径，由神舟六号时的750毫米加大到了850毫米。

航天员出舱程序训练

气闸舱理论与操作训练

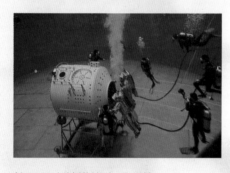

航天员出舱模拟失重训练

2008年9月26日23时01分，手持食品袋的航天员翟志刚在神舟七号飞船轨道舱内进食

◆ 人—船—地联合测试参试任务；

◆ 航天员在模拟失重训练水槽中的训练任务；

◆ 航天员出舱活动程序训练模拟器的训练任务；

◆ 本阶段固定基模拟器的训练任务；

◆ 舱外航天服强化训练任务、气闸舱理论与操作训练任务；

◆ 飞行手册学习、心理表象训练、体质训练、装船设备操作训练、飞船技术训练、集体讲评和研讨等训练任务。

这些针对性训练任务为确保神舟七号航天员出舱任务的顺利实施打下了坚实的基础。

航天员多样化食谱

神舟七号中的航天食品主要分为六大类，其中包括主食、副食、补水食品、高能压缩食品、即食食品，还有调味品，总计80余种。

相比神舟六号，神舟七号航天员的食谱中主要增加了高能压缩食品；一些相当于鱼香肉丝、红烩猪排等家常菜的产品；同时还新增了以冻干形式处理保存的水果片，几种水果放在一起，吃一片水果片，就相当于吃到了几个新鲜水果。

神舟七号载人航天飞船的成功发射，和航天员首次在太空中的行走，充分展现出我国航天技术领域取得的巨大成就，代表着整个国家科技与经济的综合实力更进一步，也让中国航天事业的发展更加令人瞩目。

第2节

神舟八号

- 运载火箭：长征二号F遥八运载火箭
- 发射时间：2011年11月1日5时58分
- 返回时间：2011年11月17日19时32分
- 发射地点：酒泉卫星发射中心
- 着陆地点：内蒙古四子王旗主着陆场
- 发射目的：为实施空间交会对接试验提供目标飞行器；初步
  建立长期无人在轨运行、短期有人照料的载人空
  间试验平台，为空间站研制积累经验；进行空间
  科学实验、航天医学试验和空间技术试验
- 主要任务：与天宫一号进行交会对接

神舟八号飞船发射升空

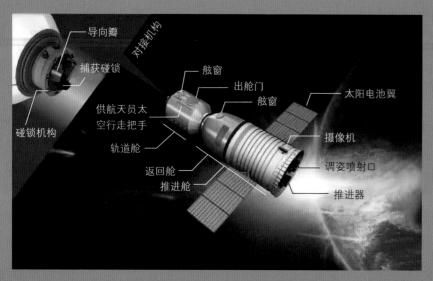

导向瓣　对接机构　舱窗　出舱门　太阳电池翼

捕获碰锁

碰锁机构

供航天员太
空行走把手

轨道舱

返回舱

推进舱

舱窗

摄像机

调姿喷射口

推进器

神舟八号结构示意图

·试验任务：开展航天医学研究，获取空间飞行对人体生理、心理和
　　　　　　工作能力影响效应的科学数据；观察空间飞行对人体药
　　　　　　物治疗反应的可能影响，为后续参与空间站驻留任务的
　　　　　　航天员的医监医保、失重防护及环境监测积累宝贵的实
　　　　　　验数据和经验

　　神舟八号是我国载人航天工程计划中发射的第八艘飞船，是我
国第一次执行交会对接航天飞行任务的航天器。

　　负责运送神舟八号的是长征二号F遥八运载火箭，在原长征二号F
运载火箭的基础上，研发团队又对它的助推器、控制系统、故障检测
处理系统等进行了改进，进一步提高了运载火箭的可靠性和入轨精度。
火箭全长约58米，起飞质量约497吨，运载能力不小于8130千克。

　　神舟八号全长9米，舱段最大直径2.8米，起飞质量8082千
克。在继续沿用"三舱"结构的同时，神舟八号飞船又增加了微波
雷达、激光雷达、电荷耦合器件图像传感器（CCD）等交会测量
设备，以及主动式对接机构，具备自动和手动交会对接与分离的功
能。值得一提的是，神舟八号的对接机构采用导向板内翻式的异体

同构周边式构型，对接后可形成内径为0.8米的航天员转移通道。

神舟八号与天宫一号对接概念图

作为空间站建设的重要前期工程，神舟八号航天飞行任务的圆满完成，意味着我国在空间技术上有了巨大的进步，具备了建设长期无人在轨运行、短期有人照料的空间站的能力，为我国载人航天工程从短期飞行向中长期飞行的发展奠定了基础。

2.1　特殊任务——交会对接

航天器的交会对接，是指追踪飞行器（飞船）和目标飞行器（空间站等）在空间轨道上会合，并在结构上连成一个整体的过程。交会对接技术是发展航天技术、增强人类探索和开发太空资源能力的一项重大关键技术。它与载人天地往返、出舱活动并称为载人航天的三大基本技术。

【任务作用】

◆ 用于大型空间设施的建造、运行和维修；

◆ 用于为长期在轨运行的空间设施提供物资补给、人员运输和空间救援；

◆ 用于登月和深空探索等航天任务。

【任务计划】

为了圆满完成这次交会对接任务，神舟八号计划分四个步骤进行：

◆ 神舟八号发射前，天宫一号降轨至高度约343千米的近圆轨道，等待交会对接；

天宫一号是中国载人航天工程发射的第一个目标飞行器，是中国第一个空间实验室，也代表中国迈入航天"三步走"战略的第二步第二阶段。天宫一号于2011年9月29日发射升空；2016年3月16日，天宫一号正式终止数据服务；2018年4月2日再入大气层，销毁部分器件。天宫一号先后与神舟八号、神舟九号和神舟十号飞船完成多次空间交会对接，为中国载人航天发展做出了重大贡献。

◆ 神舟八号发射入轨后两天内，完成与天宫一号的第一次交会对接，形成组合体；

◆ 组合体飞行12天左右，择机进行第二次交会对接；

◆ 组合体运行结束后，神舟八号于1天内返回地面，天宫一号升轨至自主飞行轨道，转入长期运行管理模式，等待下次交会对接。

【任务难点】

技术要求高

神舟八号和天宫一号相对地球的速度高达每秒7.8千米，相当于"复兴号"高铁速度的80倍以上。它们在太空进行交会对接，就相当于两个人一人拿针一人拿线，分别站在两辆行驶于不同轨道上的"复兴号"车头上，两辆车头在高速运行中不断靠近，直到相对距离为零的位置且不能产生碰撞，这时，车头上的两个人需要把自己手中的线穿过对方手里的针眼。这样的操作在地面上完成我们尚且觉得不可能，更何况要在太空中完成，难度可见一斑。

为了完成神舟八号和天宫一号的交会对接任务，研发人员对长征二号F遥八运载火箭进行了改良，大幅提高了它的入轨精度指标；同时将载人飞行器在轨寿命提高到了原来的3倍；神舟八号发射入轨后，天宫一号还在1万多千米之外，地面人员要利用制导导航和控制让两个飞行器进入预定位置，偏差不能超过18厘米。

在人类航天史上，航天器之间的空间交会对接事故时有发生。在人类早期的太空飞行中，空间交会对接的故障率非常高。1960年到1990年，苏联载人航天飞行中共发生影响飞行任务的重大故障33次，其中仅空间交会对接故障就有8次，占总数的24.2%。

由于神舟八号与天宫一号的首次交会对接以技术突破为主要目的，所以首次对接窗口条件均设计在最佳状态下进行——对接时光学设备工作时间全部设置在地球的背面，即阴影区，从而有效避免了太阳光对光学设备的干扰，以确保首次交会对接任务的成功。但这样的窗口条件在以后频繁进行的交会对接任务中，比如神舟九号、神舟十号执行任务时，很难再遇到。

新技术应用多

此次负责发射任务的长征二号F遥八运载火箭，首次使用了运载火箭高精度迭代制导技术，以及空间飞行器自主相对测量、制导导航和控制等一系列关键技术；完成了高精度空间测量仪器，以及对接机构等关键设备的攻关研制；首次采用了半刚性太阳能帆板。

验证难度大

对于此次交会对接任务的地面试验，不仅要充分验证对接机构的各项性能指标，还要在地面创造一系列的试验条件，比如模拟太空失重、高低温、真空等特殊环境，用以考核对接机构在特殊空间环境下的工作性能。

由于受地面环境和试验条件的限制，交会对接任务的总体方案和对接机构性能指标无法在地面得到全面真实的验证，因此，还需要通过空间飞行试验来考核。

组织实施更加复杂

此次交会对接任务持续时间长，各飞行阶段衔接紧密，执行任务过程中关键事件多、决策点多，对整体性、时效性和关联性要求高，对任务组织指挥、协同管理提出了前所未有的挑战。

2.2 交会对接任务全过程

【2011年11月1日5时58分10秒】

在酒泉卫星发射中心载人航天发射场，长征二号F遥八运载火箭点火发射成功，稳稳地将神舟八号送入预定轨道。

【11月2日17时05分】

神舟八号在飞行至第24圈时，成功实施第5次远距离导引变轨。北京航天飞行控制中心的科研人员对它的运行轨道进行了精确的组合修正，使其进入高度约343千米的近圆轨道，与天宫一号处在相同轨道面的交会对接点上。

【11月3日1时36分】

神舟八号与天宫一号顺利实现首次交会对接。

Q：为什么神舟八号与天宫一号要进行二次对接？

A：交会对接技术十分复杂，仅靠一次试验的成功并不代表我们彻底掌握了这项技术。所以，在确保安全可靠的前提下，尽可能多地进行交会对接试验，是非常有必要的。神舟八号与天宫一号第二次对接时，研发人员选择在光照区进行试验。但是，由于杂光干扰强烈，对测量设备敏感器的精度和相对导航的可靠性均会造成较大影响，为避免太阳光直接照到光学设备的视场，研发人员在交会对接程序设计上也做了相应调整，保证了对接机构能重复使用，以及交会对接设备在不同空间环境下能正常运行。

【11月4日11时37分】

在北京航天飞行控制中心的控制下，神舟八号与天宫一号的组合体完成了交会对接后的第一次轨道维持，使组合体处于高度为343千米的近圆轨道上。

【11月13日22时37分】

神舟八号与天宫一号的组合体偏航180度，建立倒飞姿态，为实施第二次交会对接做好了准备。

【11月14日20时整】

神舟八号与天宫一号成功进行了第二次交会对接，进一步验证了我国空间交会对接技术的安全性与可靠性。

【11月15日12时04分】

神舟八号与天宫一号的组合体完成了最后一次轨道维持，开始神舟八号返回前的轨道精化调整。

【11月15日16时59分】

神舟八号与天宫一号的组合体成功进行了姿态调整，从二次对接的状态转体180度，进入正常飞行姿态，为神舟八号的撤离和返回做好了准备。

【11月17日19时32分】

神舟八号返回舱按照计划精准降落在内蒙古中部地区的主着陆场区，并被成功回收。

长征二号F遥八运载火箭发射升空

至此，神舟八号与天宫一号交会对接任务胜利完成，全面实现了"准确进入轨道、精确交会对接、稳定组合运行、安全撤离返回"的预定目标，标志着我国空间交会对接技术取得重要突破，实现了我国空间技术的重大跨越，是我国载人航天事业发展历程中的重要里程碑。

2.3 科学实验——中德合作空间生命科学实验

在神舟八号的任务列表中，有一个特别的合作项目——中德合作空间生命科学实验，这是我国载人航天工程在空间科学实验领域的首个国际合作项目。此次实验设计复杂，项目管理难度大，中德双方密切配合，克服了各种挑战，共同确保了项目按照计划实施。

此次实验使用了德方研制的通用生物培养箱，为了保障它与神舟飞船的平台接口兼容，我国科学家开发研制了有效载荷控制装置和通用生物电控箱。在此基础上，中德双方开展了四大领域的17项科学实验。四大领域涉及基础空间生物学、空间生物技术、先进生命支持系统基础生物学以及空间辐射生物。17项科学实验项目中包括中方10项、德方6项和中德合作1项。

中德科技人员联合工作

　　此次国际合作的顺利完成，展现了中国载人航天工程的开放姿态，为世界了解中国载人航天事业提供了交流窗口，为开展更加广泛的国际合作提供了组织管理经验。同时，此次合作的成功也为中国科学家开展对空间特殊环境的生物学基础研究创造了条件，这将有助于人类探索太空、开发利用空间资源、服务人类生活与健康等科学问题的突破。

2.4　发射小结

神舟八号的技术突破

　　为了完成这次交会对接任务，神舟八号全船总计搭载设备600多套，其中新研制和增加的设备占比15%，在技术方面主要有三项突破。

　　◆　同时具备自动和手动交会对接功能

　　神舟八号上新增的异体同构周边式构型和多种交会对接测量设备，与新设计研发的交会对接自主控制的飞行软件、控制软件，使飞船具备自动交会对接功能。同时，对航天员的手

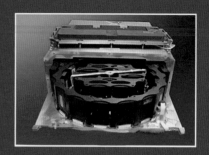

德方研制的通用生物培养箱

中方研制的有效载荷控制装置

生物培养箱内部

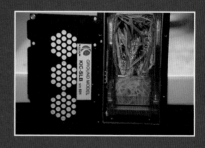

水稻响应微重力变化的蛋白质组实验单元

动控制设备也进行了改进。此外，为了满足任务需求，神舟八号新增了平移和反推发动机，有效保障了任务的顺利执行。

◆ 增强了飞船的续航能力

神舟八号电源帆板因为采用了新的太阳电池片，发电能力提高了50%，在前期已具备57天自主飞行能力的基础上，又增加了停靠180天的能力。

◆ 返回全过程"看得见"

为了实现对神舟八号返回舱返回过程的实时监控，着陆场测控系统建立了接力式测量链——每个测控站把对飞船返回的引导数据传到北京航天飞行控制中心，再由它将数据传到下一个测控站，这个测控站根据引导数据进行目标捕获，再传递。

进行跟踪测量的方式主要有反射式测量和应答式跟踪测量两种。在飞船穿越黑障区时，我们虽然不能了解飞船内部的情况，但可以通过雷达反射式测量实时推算出飞船在黑障区内的位置。通过这种方式测控返回舱的返回过程，既保证了返回舱成功降落的可靠性和成功率，也使返回全过程都能"看得见"。

载人航天飞行控制技术的突破

在这次交会对接任务中，北京航天飞行控制中心成功实现了五项载人航天飞行控制技术的突破。

◆ 基于状态的飞行控制自动规划技术

针对交会对接过程两个目标控制关联性强、约束条件复杂、状态变化快、协同控制难度大

2010年10月，我国第一个对接机构飞行产品研制生产完成，采用导向板内翻式的异体同构周边式构型，可同时适应飞船交会对接和空间站组装的需求。它被分别安装在神舟八号与天宫一号上，试验的成功使我国成为世界上可以独立研制生产对接机构的国家之一。

反射式测量是雷达主动发射信号，经舱体反射回来，利用时间差进行测量的方式。

应答式测量是飞船发出信号后，由统一S波段测速测距系统（USB）捕获、接收信号并回复一个响应，从而确认返回舱的位置并了解舱内情况。

等问题，中心制定了相关规则，用来消除两个目标控制事件在资源和时间上的冲突，从而快速准确地生成飞行器控制计划和协同工作程序。这一技术在交会对接任务中得以首次使用，有效解决了以往任务中出现的复杂飞行控制过程的矛盾问题。

◆ 强约束条件下轨道相位精确控制技术

针对天宫一号从工作轨道进入交会对接轨道的过程飞行时间间隔长、空间环境参数复杂等特点，北京航天飞行控制中心建立了不同的飞行控制力学模型，研究空间环境参数辨识策略，提高了长期预报精度；同时，充分利用大气阻力自然衰减与主动调相控制相结合的飞行控制模式，有效节省了航天器的燃料消耗。通过建立调相控制与圆化控制的轨控位置，突破了强约束下天宫一号轨道相位、高度、圆化度多目标协同精确控制的技术难题。

◆ 远距离导引最优控制策略及轨道重构技术

针对远距离导引轨控次数频繁、前后关联性强、精度指标严格、实施流程紧迫、应急分支复杂等难点，北京航天飞行控制中心提出了不同控制目标模式下的状态规划和优化设计算法，突破了飞船远距离导引控制间隔时间短、精度要求高的技术难题；设计了基于目标权重优化的控制策略，明显改善了远距离导引精度和寻的导引精度；建立精密动力学模型，提高了频繁控制条件下的短弧段轨道控制精度；利用远距离导引轨道控制策略动态规划技术，提高了远距离导引的应急处置能力。

◆ 交会对接多目标协同控制决策支持技术

针对天宫一号、神舟八号先后发射、追踪飞行、交会对接、组合运行、安全返回等多目标、高难度的飞行控制要求，北京航天飞行控制中心创新设计并提出多任务、多目标条件下的实时协同监控和计划调度策略。采用虚拟仿真、多源信息融合、动态构建、可视化测控等多项技术，解决了交会对接任务测控信息数据量大、实时性强、处理可靠要求高等技术问题，构建了既相对独立又相互协同的多目标飞行控制软件系统；建立了集相对轨道姿态监视、相对导航状态判断、协同上行控制、飞行控制流程自动化、海量数据实时处理、故障模拟与诊断于一体的决策支持平台，确保了飞行控制、决策实施的正确性和可靠性。

> **寻的导引**：依据导引头感受目标辐射或反射能量自动生成制导指令，导引导弹飞向目标称为寻的导引。

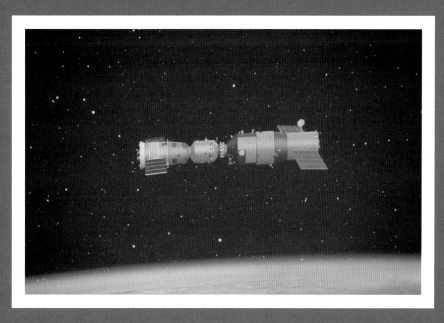

神舟八号与天宫一号对接机构实现刚性连接

◆ 注入数据快速验证技术

针对交会对接任务控制频繁、精度要求高、部分关键控制过程具有不可逆性等现实情况，北京航天飞行控制中心通过分析飞行器各分系统注入数据使用的机理原理，重点研究了注入轨道参数、轨道控制参数、飞行程序及各分系统填表注入等不同数据的校核验证的特点和要求，设计研发了注入数据的快速生成验证处理系统，将两个飞行器所有系统的注入数据生成、提交、验证等环节融为一体，大幅提升了数据生成、验证过程的效率，确保了上行注入数据的正确性和安全性。

在此次任务中，长征二号F遥八运载火箭、神舟八号、天宫一号，性能优良，工作正常；北京航天飞行控制中心、地面测控站、海上测控船及天链中继卫星组成的测控通信系统，为此次任务提供了精确的测量、控制和通信保障；着陆场系统快捷高效地组织了飞船回收。整个任务圆满完成，成果颇丰。

此次交会对接任务的完成，为神舟九号、神舟十号后续执行与天宫一号的交会对接任务进行了技术测试，使我国成为世界上第三个自主掌握并成功实施航天器空间交会对接技术的国家。

神舟八号的顺利发射入轨并回收，实现了"神舟"系列的定型，正式标志着中国首个天地往返载人航天运输工具进入量产阶段！

第3节

神舟九号

- **运载火箭：** 长征二号F运载火箭
- **飞行乘组：** 景海鹏（指令长）、刘旺（协助员）、刘洋（女，协助员）
- **发射时间：** 2012年6月16日18时37分
- **返回时间：** 2012年6月29日10时03分
- **发射地点：** 酒泉卫星发射中心
- **着陆地点：** 内蒙古四子王旗主着陆场
- **发射目的：** 全面验证航天器交会对接技术，考核飞船手动控制系统；实现地面向在轨飞行器进行人员和物资的运输与补给，全面考核组合体环境控制与稳定运行功能和性能；验证我国女航天员选拔训练、医学监督和保障及新研制的女航天员乘员飞行装备等

神舟九号发射现场

神舟九号飞行乘组

·**主要任务**：实施航天员手控交会对接
·**试验任务**：开展航天医学实验和空间站部分单项技术试验

  神舟九号是中国载人航天工程发射的第九艘飞船，也是我国航天员第四次执行载人航天飞行任务。与之前的载人航天任务不同，神舟九号首次进行载人交会对接任务，同时首次安排女航天员参加载人航天飞行任务。

  女性能顶半边天，没有女性参与的载人航天是不完整的。迄今为止，世界上已经有7个国家共50余名女航天员执行过太空飞行任务，女航天员在太空中最长的飞行时间为188天，这充分证明了女航天员完全可以胜任并出色完成太空飞行任务。

  实践证明，女性更加周到细心、耐受能力更强，女航天员参与飞行任务，可以充分发挥女性优势，提高乘组的工作效率。从世界载人航天的发展史来看，世界各国都为本国女航天员的首次航天飞行赋予了独特的意义。

  我国女航天员参加载人航天飞行任务，填补了我国女性航天飞行的空白，同时带动了女航天员相关飞行产品的研制和女航天员地面训练等方面的技术发展，积累了女性在生理、心理及航天医学方面的飞行实验数据，并进一步扩大中国载人航天工程的社会影响，展示了中国女性的优秀形象。

3.1 核心任务

交会对接技术是载人航天三大基本技术之一，也是空间站建设必备的前提条件。神舟九号使我国首次实现载人空间交会对接试验，同时首次进行航天员手控交会对接任务。为保证此次任务能够圆满完成，在任务准备阶段，科研人员重点进行了以下三个方面的工作：

◆ 对载人航天飞船和运载火箭均进行了数十项技术改进，进一步提高了飞行任务的安全性、可靠性；

◆ 加强航天员训练，特别是进行了充分的手控交会对接专项训练，飞行乘组航天员手控对接训练次数均已超过1500次；

◆ 制订了500多种与神舟九号、天宫一号相关的故障预案，其中涉及手控交会对接的就有100多种，并进行了充分的故障应急处置演练和全系统合练。

自动交会对接与手控交会对接，是实现飞行器空间交会对接的两大主要手段，互补使用可以有效提高任务完成率。在神舟八号的任务中，我们已经突破了自动交会对接技术，通过神舟九号任务成功实现航天员手控交会对接后，我们将全面掌握这项技术。

一直以来，手控装置都被用作自控的备份方案，以供航天员在紧急状态下安全返航。然而直到神舟九号执行载人航天任务时，才轮到它正式登场。

神舟九号手控交会对接系统主要包括电视摄像机、靶标、综合电子显示屏、控制手柄等。

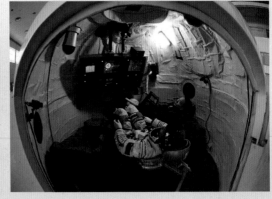

景海鹏、刘旺、刘洋在返回舱进行手控交会对接训练

航天员景海鹏、刘旺在返回舱进行手控交会对接训练

◆ 电视摄像机：主要负责从神舟九号上拍摄天宫一号，并将获得的图像传送到神舟九号的综合电子显示屏幕上。

◆ 靶标：安装在天宫一号对接机构附近，是由一个背景方盘与一个伸出的十字架组成的。

◆ 综合电子显示屏：负责显示电视摄像机观测到的图像。

◆ 控制手柄：主要用于航天员对神舟九号姿态和位置运动的控制。

此次由中国航天自主研制的手控系统，除了在性能上考虑集成性，在人机功效、控制性能上也着实下了一番功夫。比如，为了方便航天员的操作，控制手柄上设计有防误操作系统，就算航天员不小心碰到手柄，也不会影响操作性能。此外，为了便于航天员辨识，控制手柄经过特殊设计，航天员即便戴着手套也可以灵敏地感受到操作挡位。在此次任务中，我们的航天员正是根据眼前综合电子显示屏上的参数变动情况，通过操作座椅两侧的控制手柄，来完成神舟九号与天宫一号的交会对接。

2012年6月22日11时许，航天员景海鹏、刘旺从天宫一号回到神舟九号返回舱，准备实施飞行器姿态控制试验。

随着神舟九号缓缓远离天宫一号，航天员景海鹏、刘旺、刘洋在各自的舱内整理装备，调整坐姿，做好一系列交会对接前的准备。在航天员们乳白色的航天服上，鲜艳的五星红旗格外醒目。

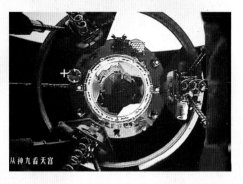
从神舟九号飞船看天宫一号

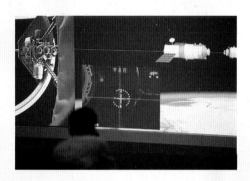
神舟九号逐渐靠近天宫一号

神舟九号与天宫一号对接进行时

手控交会对接实现捕获，航天员握手相庆

组图：天宫一号与神舟九号组合体分离，稍后将开始手控对接

北京航天飞行控制中心的指挥台前，工作人员紧张而有序地忙碌着。

"神舟九号，我是北京，发送手动控制允许指令，开始手柄试操作。"

"神舟九号报告，平移手柄试操作正常。"

"神舟九号报告，姿态手柄试操作正常。"

无形的电波将远在太空的神舟九号与地面站连接起来，"天地通道"间不断传输的信号，预示着一个重要时刻的到来。

2012年6月24日12时38分，中国航天员首次在太空实现真正意义上的驾驶飞船，并以7800米/秒的绝对飞行速度，瞄准天宫一号前进。这速度，比步枪子弹的飞行速度快8倍，是音速的22倍！ 140米，在天宫一号与神舟九号交会对接的第三个停泊点，我国首次手控交会对接拉开帷幕。10米，5米，3米……在综合电子显示屏幕里，天宫一号扑面而来。航天员刘旺左手紧握着调整飞船方向的平移手柄，右手则把握着调节飞船姿态的姿态手柄，他一边控制手柄，一边观察仪表。景海鹏则为刘旺的手控操作提供支持，刘洋负责密切监视整个试验过程。刘旺必须将神舟九号与天宫一号之间的角度严格控制在1度之内，

天宫一号（右）与神舟九号（左）对接机构开始锁紧

横向的偏差不超过0.2—0.3米，否则两个重量超过8吨的飞行器就可能发生碰撞或剐蹭。而在地面超过1500次的训练，让他胸有成竹。

12时48分，神舟九号对接环准确捕捉到天宫一号。两个"十字"轻微晃动一下，便严丝合缝地重合在了一起。随即，两个飞行器上12把对接锁启动。电波带来了航天员洪亮有力的报告声："神舟九号报告，人控停控置位。完毕。"

"对接机构捕获，对接机构正常。"

此时，神舟九号对接机构上的三把捕获锁已与天宫一号对接机构上的三个卡板器成功咬合，缓缓旋转，并紧紧地扣在一起。在茫茫太空中，高速运转的它们在航天员的手动操控下成功锁定了！

12时55分，神舟九号与天宫一号再次紧紧相拥，完美完成了太空中的"万里穿杨"！

"神舟九号报告，仪表显示对接完成。完毕。"

"各号注意，我是北京，根据北京遥测数据，天宫一号航天员乘组状态良好，手控对接正常完成。"

神舟九号飞船舱内三名航天员的手紧紧握在一起，北京航天飞行控制中心的大厅里掌声雷动。这是我国载人航天史上的又一次突破，标志着中国载人航天工程第二步任务取得了重大成果，为今后载人航天的发展、空间站的建设和载人登月的计划奠定了良好的基础！

3.2 技术上新

飞船的生命源泉：太阳电池帆板

由于此次神舟九号任务在轨时间长，面对必然增大的电能消耗问题，科研人员新研制出了一款三结砷化镓太阳电池阵，平均光电转换率可以达到27.56%。与之前的硅太阳电池相比，光电转化效率提高了50%以上，发电能力达到国际先进水平。

神舟九号电源系统共有3种电源，即太阳电池帆板、镉镍蓄电池、应急电池。

太阳电池帆板实际上是一个光伏系统，像一座小型"发电场"，利用太阳能转化而来的电能，一部分供给飞船各系统正常运转工作，另一部分则用镉镍蓄电池储存起来。神舟九号绕地球飞行一周大约需要90分钟，这期间有30多分钟是没有太阳光照射的地影期。这时，太阳电池帆板停止工作，由镉镍蓄电池内储存的电能来维持飞船的正常运转。

神舟九号与天宫一号交会对接后，由于位置的原因，天宫一号会遮挡住神舟九号的部分太阳电池帆板，为了解决能量平衡问题，交会对接成功后的天宫一号会为神舟九号提供一部分电能。

至于应急电池，顾名思义，是在飞船出现意外、遭遇危险时紧急启用的电源。它使用的是高性能比的新型银锌电池。当出现紧急情况时，应急电池可以为飞船紧急供电，确保各系统正常工作，不仅可以保障飞船在4小时左右的时间内安全返回地面，还可以在落地后为搜救系统提供24小时的用电。

Q：神舟九号载人航天飞船绕地球飞行1小时需要耗费多少电？

A：1800瓦。也就是说，神舟九号飞行一天，耗电量只有43度！

适应与再适应是指航天员在失重状态下，神经反应的调节和心血管的功能都会受到影响，需要适应失重环境以满足工作和生活要求；飞行结束后，航天员返回地球，并不能立刻出舱，而是要在舱内对地球的重力环境进行再适应，否则就会表现出立位耐力不良的问题——无法自主站立，站立时出现头晕、恶心等虚脱症状。特别是女航天员，因其生理结构的不同，立位耐力较男航天员会弱一些。航天员返回地面后，往往需要几周甚至几个月的时间才能够完全恢复。

五项防护措施，有效解决失重带来的健康问题

神舟九号飞行任务是一次从短期飞行向中期飞行过渡的任务，尽管此次持续了十几天的飞行仍然被定义为短期飞行，但已经是我国历次载人航天飞行任务中飞行时间最长的一次。随着航天飞行时间的延长，失重所引起的生理问题会逐渐凸显，其中有两类较为突出：心血管问题和肌肉萎缩问题。

在神舟九号任务中，针对航天员在失重状态下出现的心血管失调和肌肉萎缩的问题，科研人员采取了一系列防护措施，其中有五项是在这次任务中首次使用的：

◆ 套袋，用于航天员的腿部，通过加压来调节航天员的体液分布，防止微重力对人体体液分布产生不良影响；

◆ "企鹅" 服，通过对身体不同部位的肌肉施力起到维护肌肉功能的作用；

◆ 自行车功量计，这是为航天员提供的在轨锻炼机械，通过一定负荷的运动来维护航天员的心肺及肌肉功能；

◆ 下体负压筒，与套袋类似，运用不同的下体负压机制来给航天员的下体施加压力，并通过神经反射来调节和维护航天员的心血管功能；

◆ 拉力器，主要是通过各种动作来维持航天员上肢肌肉的功能。

除此之外，航天员还会使用一种被称为肌肉点刺激的方法。该方法通过刺激肌肉力量来维持肌肉的功能，从而达到自身防护的目的。

航天员用套袋加压

航天员在空间站中健身

花样繁多的中国特色太空食品

鱼香肉丝、松仁玉米、木须肉、黑椒牛柳、什锦炒饭、川味辣酱、柠檬茶……在此次神舟九号载人飞行任务中，七大类共70余种中式食品随航天员一起前往太空。

相比最初以压缩饼干、点心为主的航天食谱，这一次的食谱简直是质的飞跃。由于神舟九号飞行乘组将在轨驻留13天，因此对食品的安全性、多样性和感官接受性的要求进一步提高。在食品的研制过程中，科研人员按照"营养平衡、主副食搭配"的原则，在重量和体积严格受限的前提下，广泛征求航天员的意见，充分考虑航天员的口味特点，每研制出一项食品，就先请航天员们品尝并填写"感官评价表"，只有在60分以上的食品才能入选本次任务的食谱。

值得一提的是，细心的科研人员针对空间环境下女性的营养需求和生理特点，特别设计了满足女航天员饮食需要的飞行食谱，充分保障了女航天员首次参加载人飞行的饮食健康和营养平衡。同时，针对中长期载人飞行人体代谢特点和医学防护要求，科研人员还研制出具有缓解细胞氧化、提高人体免疫力的抗氧化功能食品，并通过饮食手段提高了航天员对航天特别因素环境的适应能力和防护能力。

即使是到外太空出差，也得娱乐一下

为了保障航天员们的身心健康，在轨执行任务期间，娱乐活动也是必不可少的。在神舟九号任务中，航天员们携带了音乐、文学书籍、图片、视频四大类电子文件进入太空，其中音乐包括《航天员中心之歌》《我为祖国感到骄傲》及军乐、轻音乐、流行歌曲、交响乐等；文学书籍类主要以音频形式携带，包括《岳飞传》《三国演义》等评书作品；图片主要是航天员与领导、与家人、与战友的合影；视频包括航天员科研训练中心出品的"五星红旗太空飘扬""飞天颂"等文艺演出录像、文化知识讲座、传统相声、小品等。

这些娱乐项目主要利用天宫一号舱载的个人计算机完成，根据飞行程序安排，在组合体飞行阶段，非值班航天员可在每日的个人自由活动期间进行娱乐活动，时间约为3小时。

中继卫星系统参与载人航天任务

在以往的载人航天任务中，受带宽限制，航天员在太空中只能收听地面指令声音却无法看到地面图像。在神舟九号任务中，中继卫星系统充分发挥其高速大容量数传、高动态目标跟踪、高轨道覆盖率的优势，稳定地建立起船地双向长时通信链路，大幅提升了飞船测控覆盖率和传输速率，使航天员在太空中同样可以清晰地看到地面飞控中心的工作场景，也使航天员可以进行更长时间的天地通话。

此次参与神舟九号任务的是天链一号01、02星，通过接力测控使神舟九号每圈次都能与地面实现1小时以上的连续双向数据传输，地面监视系统可以更加便捷地获取航天员的生理参数；当航天员进入天宫一号后，还可以通过中继卫星发送和接收电子邮件，天地之间的沟通交流方式更加多样化。

在神舟九号任务的一些重要弧段，参与任务的中继卫星需要单独承担指令注入、测定轨和图像话音传输的任务，这对相关航天器系统的应急反应能力提出了更高的要求。为此，科研人员准备了180多种应急预案，新增了中继卫星系统与天宫一号的双目标跟踪模式，以及飞船紧急撤离时的应急跟踪双目标模式，并组织开展了任务信息联调、关键弧段1:1演练、应急演练等上百次联调演练，全面验证了应急处置预案的正确性，确保相关系统能够以最佳的状态参与任务。

刘洋"悬浮"在天宫一号目标飞行器里编写输入短信

北京航天飞行控制中心监控计算机上显示的太空短信内容

成功发送太空短信后刘洋打出"OK"手势

中继卫星除了作为数据的中转站，还可以作为一个空间测控站，对天宫一号和神舟九号进行轨道测量，获得中继卫星和航天器之间距离的精确测量值。这是一种基于天基的测定轨模式，为天宫一号和神舟九号的精确交会对接提供了轨道保障。

航天员监视页面为手控交会对接提供双保险

航天员手控交会对接流程复杂，对天地协同的要求更高。为了让地面更好地了解航天员手控交会对接的情况，科研人员依据航天器舱内仪表控制面板显示页面，设计了监视软件，对航天员的监视页面进行优化，实现了"航天员能看到什么，我们也能看到什么"的设想。

在神舟九号的手控交会对接过程中，地面的监视页面不仅可以清晰地显示两航天器在太空中飞行的相对姿态和距离，真实、实时地监测手控交会对接时的情况，还能以曲线图的形式直观地显现设备的状态、航天器燃料消耗，以及各类仪表参数变化，为地面指挥控制人员提供了辅助决策支持。这双来自地面的"眼睛"，可以说是航天员手控交会对接任务中可靠的"双保险"。

第三代卫星通信天线登上了"远望号"测控船

为了在更广阔的范围、更长的时间里实现对天宫一号和神舟九号的测控，航天任务的老朋友远望号测控船上新安装了第三代卫星通信天线设备。与以往只有一副天线不同，第三代卫星通信天线设备包括直径3.8米和直径7.3米的两副天线。其中，直径7.3米的天线是目前国内直径最大的船载天线。

卫星通信天线设备的主要任务有三个：

- 保证测控船与指控中心、测控中心的调度联络；
- 实时传输对航天器的控制命令和参数；
- 实时传输航天器上的图像和声音。

3.3 在轨试验

随着我国载人航天工程的不断发展，航天员在轨飞行的时间将会越来越长，如何在中长期飞行中保证航天员的身体健康和工作效率，是亟待科研人员解决的关键课题。

在神舟九号任务中，航天员们利用装载在天宫一号上的相关实验设备，重点开展了三个方面共15项航天医学实验。

航天员健康监测技术研究

航天员健康监测技术研究主要包括航天飞行中航天员营养代谢、在轨情绪、生物节律变化等方面的实验研究。

失重生理效应机理与防护研究

失重生理效应机理与防护研究主要包括空间飞行对航天员心血管功能、前庭功能及脑功能的影响研究，从细胞分子层面研究骨丢失的发生机理，验证空间骨丢失的防护方法，为长期飞行的防护积累经验。

其中，航天飞行对前庭眼动、心血管及脑高级功能的影响研究，将促进我们对失重生理效应机理的系统认识，其研究结果将为我国后续载人航天任务失重生理效应防护措施的制定提供理论依据。在交会对接任务中开展的空间骨丢失防护技术研究，不仅可以积累我国航天员中期空间飞行的骨代谢数据，而且可以验证基于力刺激原理的骨丢失对抗仪的空间适用性，为中长期空间飞行导致的骨丢失防护研究提供技术支持。

环境医学与航天员空间作业能力的相关技术研究

通过开展在轨飞行舱内有害气体浓缩富集技术、航天员能量代谢水平、认知能力变化等实验，获得了空间飞行中相关环境医学和人体参数的变化规律。

在神舟九号任务中，航天员们利用我国自主研制的有害气体采集设备，实时采集在轨飞行中舱内的微量挥发性气体，带回地面由科研人员进行分析，主要分析飞行器舱内的空气质量，并对飞行器内的微量有害气体进行评估，了解飞行器内的污染水平。

航天员们还使用中国航天员科研训练中心自主研制的质量测量仪对人体质量进行测量，结合光学、力学、电子、工效、机械和材料学等先进的技术应用，精度可达到被测物体质量的 ±1%。此次质量测量仪的成功运用，填补了我国在轨质量测量技术的空白。

除了上述实验，神舟九号飞行乘组还在天宫一号内首次开展了在轨微生物检测、失重条件下扑热息痛的药代动力学研究、航天员睡眠清醒生物周期节律监测等十项航天医学空间实验，并取得了大量数据，为我国空间科学技术的进步提供了有力支持。

3.4 发射小结

此次天宫一号与神舟九号载人交会对接任务的圆满完成，实现了我国空间交会对接技术的新的重大突破，标志着我国载人航天"三步走"战略中第二步的目标有了决定性的进展。同时，对于在国际舞台上展现我国综合国力，振奋民族精神，鼓舞和激励全国人民奋力夺取全面建设小康社会新胜利，不断开创中国特色社会主义事业新局面，具有重大而深远的意义。

第4节

神舟十号

- 运载火箭：长征二号F运载火箭
- 飞行乘组：聂海胜（指令长）、王亚平（女，协助员）、张晓光（协助员）
- 发射时间：2013年6月11日17时38分
- 返回时间：2013年6月26日8时7分
- 发射地点：酒泉卫星发射中心
- 着陆地点：内蒙古四子王旗主着陆场
- 发射目的：为天宫一号在轨运营提供人员和物资的天地往返运输服务；考核组合体对航天员生活、工作和健康的保障能力，以及航天员执行飞行任务的能力；考核工程各系统执行飞行任务的功能、性能和系统间的协调性

神舟十号发射升空

神舟十号任务航天员走出问天阁踏上征途

·**主要任务**：进一步考核交会对接、载人天地往返
运输系统的功能和性能

·**试验任务**：开展空间科学实验、航天器在轨维修
试验和空间站有关关键技术验证试验；
首次开展面向青少年的太空科学讲座
科普教育活动等

神舟十号是中国载人航天工程发射的第十艘
飞船，也是我国航天员第五次执行载人航天任务。

2013年，神舟十号成功发射，距离神舟五号首
次载人进入太空刚好过去十年。神舟十号载人航天飞
行任务的圆满完成，标志着中国载人航天"三步走"
战略中第二步第一阶段任务完美收官，我国的载人航
天任务从此全面转向空间实验室和空间站研制阶段。

4.1 核心任务

自从神舟八号任务圆满完成，确定了我国载
人飞船的设计"标准"后，神舟九号顺利突破并
掌握了载人空间交会对接技术，我国已建立起完
整的天地往返载人运输系统。于是，此次神舟十

我国载人航天工程
第二步第一阶段的主要
任务有两大项：突破航
天员的出舱活动技术；
掌握空间飞行器的交会
对接技术。

Q：航天员手中的小箱
子是干什么用的？

A：小型便携通风装置。
在航天员进入船舱之
前，由于航天服本身
的密闭性原因，航天
员需要提着小型便携
通风装置对航天服内
进行通风换气，从而
避免航天服内过热或
过于潮湿。

号的核心任务是首次实施绕飞操作，正式开展中国载人天地往返运输系统的首次应用性飞行。

应用性飞行以稳定为主，飞行产品的技术状态基本固化，执行飞行任务时一般不会达到飞船的极值。其飞行任务主要是为空间站或空间实验室提供补给物资，以及配合开展空间应用项目设备测试等工作。

"绕飞"是指飞船以天宫一号等目标飞行器为中心，围绕它进行飞行。飞船进行绕飞实验的目的，是为未来空间站建设做准备。

空间站所处的太空环境不同于地面环境，它上下左右每个方向都可以设置进出的对接口，飞行器可以从任何一个方向与空间站进行对接。之前的交会对接任务都是在同一个对接口进行的，所以神舟十号的任务是绕到另外一个接口进行交会对接试验。

在神舟十号发射前约20天，天宫一号开始降轨调相，进入高度约为343千米的近圆对接轨道，建立载人环境，等待与神舟十号交会对接。

在指控人员的精确控制下，神舟十号经过多次变轨，于2013年6月13日10时48分转入自主控制状态，以自主导引控制方式向天宫一号逐步靠近。

2013年6月13日13时11分，神舟十号与天宫一号对接环接触，按照预定程序顺利完成一系列技术动作后，对接机构锁紧。13时18分，天宫一号与神舟十号成功实现自动交会对接，并建立刚性连接，形成组合体。

天地往返载人运输系统，是指在地面和地球低轨道之间往返运送人员和货物的运输工具，包括载人航天飞船、航天飞机和空天飞机等。

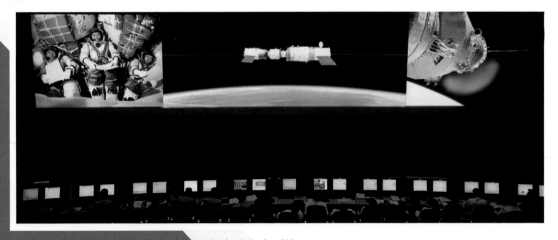
天宫一号目标飞行器与神舟十号飞船自动交会对接

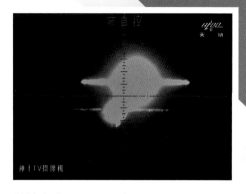

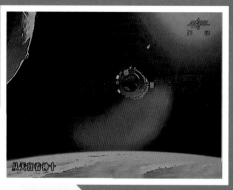

从神舟十号观看天宫一号　　　　　　　　　神舟十号正在逐步向天宫靠拢

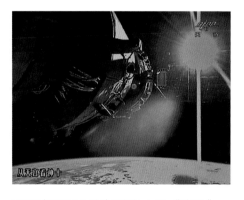

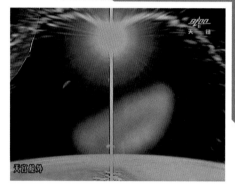

近距离观看天宫与神舟十号"牵手"　　　　奇异炫光如"天使之翼"展现于天宫舱外

　　此次交会对接任务过程同天宫一号与神舟九号的对接过程基本一致。

　　神舟十号与天宫一号自动对接形成组合体后，航天员进入天宫一号实验舱。组合体飞行期间，由天宫一号负责飞行控制，神舟十号则处于停靠状态。

　　2013年6月23日8时26分，航天员聂海胜手动控制神舟十号与天宫一号分离，并将飞船撤离至与天宫一号相隔一段距离的地方。而后，聂海胜操作控制手柄，控制神舟十号再次向天宫一号缓缓接近，航天员张晓光、王亚平密切监视着神舟十号的仪表参数和对接靶标。

　　6月23日10时整，神舟十号与天宫一号对接环接触。10时07分，神舟十号与天宫一号再次成功连接成组合体。13时09分，航天员们进入天宫一号，并向地面发出来自太空的喜报："我们已经顺利完成手控交会对接，再次进入天宫。"

　　6月25日，神舟十号与天宫一号成功分离，神舟十号从天宫一号上方绕飞至其后方，并完成了近距离交会对接任务，这是中国首次成功实施航天器绕飞交会对接试验。

4.2　在轨试验

2013年6月20日上午10点，在距离地球300多千米之外的天宫一号中，神舟十号的三名航天员为全国青少年上了一堂精彩的"太空一课"。

航天员王亚平担任主讲老师，聂海胜负责配合讲解，张晓光则担任摄像师，耐心细致地向地面课堂中的小朋友们演示了几项物理实验，其中包括：太空中的物体质量测量实验、单摆运动实验、太空中的旋转陀螺实验、太空中的水膜实验、水球演示等，并展示了物体在太空失重环境状态下的物理现象。

除此之外，航天员们还与中国人民大学附属中学地面课堂的300余名中小学生进行了亲密的互动交流。

我们知道，向空间站运输物品时，对于物品的重量是有严格规定的，可以说是"克克计较"。为了此次太空教学的顺利圆满开展，由神舟十号带上天宫一号的"教具"总重量是2.9千克，这对于载人天地往返运输来说，可是一个不小的数字，足以看出我国对太空教学的重视。

4.3　发射小结

为了进一步提高航天员在太空中的工作和生活质量，神舟十号任务采取了以下几个方面的措施：

◆ 完善了舱内生活垃圾处理系统。本次任务中新增了废物收集袋的品种规格和数量，方便航天员在轨工作时对生活废弃物进行密封处理和存放。

◆ 丰富了航天食品的种类。神舟十号针对航天员们进行了个性化的食谱设计，进一步增加食品种类，同时通过改进制作工艺提升了食品的感官接受性。

◆ 优化了航天员的工作程序和作息安排，增加了工作项目的时间余量。

此外，通过为天宫一号更换地板和一些限位装置，使得我们航天员在"天宫"中的工作、生活更加便利舒适。

神舟十号载人航天飞船的成功发射，实现了神舟飞船和长征二号F运载火箭由试验性飞行向应用性飞行的阶段性跨越，意味着我国拥有了一个可以进行实际应用的载人天地往返运输系统。从此，神舟飞船正式成为"太空专列"，为空间站的稳定运营提供人员和物资运输的保障服务。

第五章 探索宇宙的工作者

诗仙有诗云:"蜀道之难,难于上青天!"千百年时空变换,李白的诗篇读来依旧气势昂扬,而如今的蜀道却宽阔平坦,不复当年寸步难行的模样。如此看来,登天又有何不可?随着天宫一号、天舟一号等航天器陆续进入太空,天和核心舱接力进入空间组合成中国制造的空间站,神舟往来不辍,身负探索重任的航天员们往返于天地之间,为我们不断揭开深远宇宙的奥秘。

第1节

神舟十一号

- **运载火箭：**长征二号F运载火箭
- **飞行乘组：**景海鹏（指令长）、陈冬（协助员）
- **发射时间：**2016年10月17日7时30分
- **返回时间：**2016年11月18日13时59分
- **发射地点：**酒泉卫星发射中心
- **着陆地点：**内蒙古四子王旗主着陆场
- **发射目的：**验证空间站运行轨道的交会对接和载人飞船的返回技术；考核航天员的中期驻留能力
- **主要任务：**为天宫二号空间实验室在轨运营提供人员和物资天地往返运输服务；与天宫二号空间实验室对接形成组合体，考核组合体对航天员生活、工作和健康的保障能力，以及航天员执行飞行任务的能力

神舟十一号发射现场

- 试验任务：开展有人参与的航天医学实验、空间科学实验、在轨维修等技术试验；首次开展"天地联讲科普课"

　　神舟十一号是中国载人航天计划中发射的第十一艘飞船，也是我国航天员执行的第六次载人航天飞行任务，同时是改进型神舟载人航天飞船和改进型长征二号F运载火箭组成的载人天地往返运输系统的第二次应用性飞行。

　　神舟十一号载人航天任务的圆满完成，是中国载人航天工程"三步走"战略从第二步进入第三步的过程，标志着我国空间实验室飞行任务已有了具决定性意义的重要成果，为中国空间站的建造运营和航天员长期驻留奠定了坚实的基础；同时圆满开展了世界航天史上第一堂"天地联讲科普课"，对于普及航天知识、吸引新生航天力量具有重要意义。

1.1 运行全历程

【2016年10月17日7时30分】

　　神舟十一号载人航天飞船由长征二号F运载火箭搭载，于酒泉卫星发射中心成功发射升空。约575秒后，神舟十一号与火箭成功分离，进入预定轨道，顺利将景海鹏、陈冬两名航天员送入太空。

【10月19日】

　　神舟十一号经过多次变轨，于19日1时11分转入自主控制状态，以自主导引控制方式向天

　　天宫二号是中国载人航天工程发射的第二个目标飞行器，是中国首个具备补加功能的载人航天科学实验室。天宫二号于2016年9月15日在酒泉卫星发射中心发射升空；2019年7月16日，终止数据服务；2019年7月19日，受控离轨并再入大气层，落入南太平洋预定安全海域。天宫二号是空间实验室阶段任务的主要飞行器之一，先后与神舟十一号、天舟一号进行对接，承担了验证空间站相关技术的重要使命，是中国第一个真正意义上的太空实验室。

航天员景海鹏、陈冬出征的现场

组图：航天员景海鹏、陈冬进驻天宫二号空间实验室

自动交会对接实施期间，航天员景海鹏、陈冬在神舟十一号返回舱内值守，密切监视着飞船仪表盘上的各类数据和对接过程，认真执行各项指令的发送操作，并通过天地通信系统，迅速准确地向地面报告交会对接的实施情况。

【10月19日6时32分】

根据地面指令，景海鹏、陈冬两名航天员解开束缚带，从座椅上缓缓起身，依次打开返回舱舱门的

宫二号逐步靠近。

在此次任务中，交会对接轨道的高度比之前增加了50千米，且两者是从相距120米处开始进行交会对接的，任务风险和难度极高。为了使以8倍于子弹的速度飞行的两航天器可以严丝合缝地对接在一起，科研人员对神舟十一号上搭载的光学成像敏感器进行了升级。

3时24分，神舟十一号与天宫二号对接环接触，按照预定程序顺利完成一系列技术动作后，对接机构锁紧，两个航天器建立刚性连接，形成组合体。

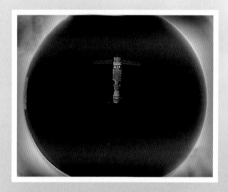

天宫二号伴飞小卫星红外鱼眼相机拍摄的组合体照片

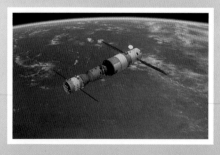

神舟十一号载人飞船与天宫二号空间实验室的交会对接模拟图

平衡阀和返回舱舱门，进入轨道舱。两名航天员在轨道舱内脱下舱内压力服，换上蓝色工作服。

完成各项准备后，航天员景海鹏成功开启天宫二号空间实验室的实验舱舱门，随后两名航天员以飘浮姿态依次进入天宫二号实验舱。

【11月17日12时41分】

神舟十一号与天宫二号空间实验室成功分离，完成空间站任务的航天员景海鹏、陈冬踏上了返乡之旅。他们在天宫二号空间实验室内工作生活了30天，创造了中国航天员太空驻留时间的新纪录。

组合体分离前，航天员们在地面科研人员的配合下，撤收了天宫二号实验舱内的有关试验装置和重要物品，将其放置到神舟十一号的返回舱中。离开天宫二号空间实验室前，景海鹏与陈冬向地面科研人员和关心支持中国航天事业的人们表达了他们的感谢和敬意。

随后，两名航天员身着舱内航天服，回到神舟十一号返回舱，完美关闭返回舱舱门，进行返回前的各项准备工作。两个航天器成功分离后，神舟十一号首先撤离至120米停泊点并保持位置，飞船状态确认正常后，神舟十一号在地面指令控制下逐渐远离天宫二号空间实验室。

【11月18日13时59分】

神舟十一号返回舱在内蒙古中部预定区域安全着陆。负责搜救回收任务的着陆场站及搜救小分队及时发现目标，第一时间到达返回舱着陆现场。在完成现场相关处置后，小心翼翼地打开返回舱舱门，医监、医保人员确认航天员身体健康，并向任务总指挥部报告了情况。

此次执行神舟十一号飞行任务的航天员景海鹏、陈冬身体状态良好，天宫二号与神舟十一号载人飞行任务圆满完成！

组图：航天员景海鹏顺利出舱

1.2 六大特点

组图：航天员陈冬顺利出舱

2016年10月19日，神舟十一号与天宫二号完成自动交会对接任务，这是我国载人天地往返运输系统的第二次应用性飞行。比起前次任务，本次飞行增添了数项创新：

飞得更高——393千米轨道高度的对接与运行

神舟十一号充分继承了神舟十号的技术状态，并对多项技术加以改进。

神舟十号与天宫一号进行交会对接时，轨道高度为343千米，而神舟十一号与天宫二号进行交会对接时，轨道高度提高到了393千米。这是由我国载人航天"三步走"发展战略的第三步——建造空间站任务所决定的，393千米的高度与我国未来空间站的轨道高度基本一致。

时间更长——33天的太空旅程

神舟十一号进入轨道后，先经过2天的独立飞行，再顺利与天宫二号自动交会对接形成组合体。随后，两位航天员在组合体中执行了长达30天的中期驻留任务。任务完成后，神舟十一号从天宫二号撤离，独立飞行1天后返回地球。

这次任务的驻留时长，创造了中国航天员太空驻留时间的新纪录。为此，科研人员在神舟十一号上新配备了宽波束中继通信终端设备，显著扩大了测控覆盖范围，提升了飞船姿态快速变化时的天地通信保障能力，有效提升了飞船的可靠性。

升级光学成像敏感器——完成高难度"太空之吻"

天宫二号和神舟十一号的交会对接，是搭建太空空间站的重要一步，为了降低任务的风险，科研人员对神舟十一号的光学成像敏感器进行了升级。

就像我们在夜间行走时，被迎面而来的车灯晃到眼睛，需要暂停一段时间才能恢复正常视力一样，在太空中，太阳光的照射强度高于地面，很容易影响航天器"双眼"的视力，导致航天器无法正常工作。针对太阳杂光抑制能力和识别目标敏感度，升级版的敏感器均进行了大幅提升，使得飞行器"双眼"视力的恢复时间从原来的十秒缩短到几百毫秒，有效降低了太阳光带给航天器的负面影响，提升了飞船的安全性！

舱门快速检漏仪——载人飞船的"小门神"

航天员在太空飞行多天，其间要经历多次穿舱活动，这就需要多次进行打开和关闭舱门的操作。航天员在舱内时，为了不让正常生活所需的气体泄漏，导致出现安全问题，必须确保舱门密封万无一失。因此，精准快速地检测舱门的密封性至关重要。

针对这种需求，科研人员研制出了舱门快速检漏仪，它能够在8分钟内快速给出测试结果，实现了对舱门和对接面的快速准确检漏，堪称载人飞船的"小门神"。舱门关闭后，门体上的两道密封圈与门框之间会形成一个小空间。检漏仪利用舱门的特有结构，在工作时向小空间内充入一定量的检测气体，通过监测小空间内压力的变化来判断舱门的密封情况。如果发生泄漏，舱门快速检漏仪会立刻发出报警指示，航天员可以及时对舱门进行处理，再次检漏合格后，才可以顺利入住舱内。

载人飞船的神奇"外衣"

神舟十一号运行在距离地球表面约400千米高度的轨道上，除了受到太阳辐射、地球—大气的辐射和反照，还会受到许多游离在空间的高能粒子影响。在这样的环境中，为了保护神舟飞船，科研人员特别为轨道舱设计了一套厚度约2厘米的"外衣"，高效隔离空间环境与轨道舱舱壁之间的换热。"外衣"表面还有一层华丽的复合膜，可以用来提高飞船对轨道原子氧等粒子的防护能力。在返回舱外表面，科研人员重点喷涂了特殊设计的有机热控涂层，为在轨期间返回舱保有适宜的温度提供了有力支持。至于推进舱的底部，为了有效抑制发动机点火后的高温对推进舱内部的影响，科研人员在这一重点区域运用了多层隔热材料，能够隔离的最高温度达900摄氏度。

飞船的神奇"外衣"功能多、效用高，在天冷时能保暖，在太阳照射时能防晒，同时还能隔离灰尘、雾霾等有害因素对飞船的伤害。

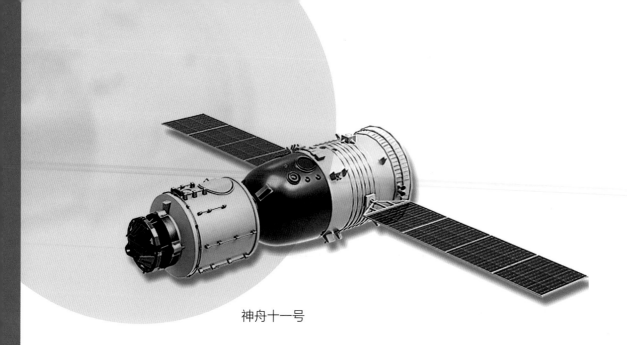

神舟十一号

大面积小体格，飞船安全返航的法宝

回收着陆是载人航天活动的最后步骤，也是决定航天员能否安全回家的最后一个条件。

在距离地面10千米左右时，返回舱的回收着陆系统开启工作模式，先后启用引导伞、减速伞和主伞，降低返回舱的速度，使它缓缓下降并抛掉防热大底。

神舟十一号回收着陆过程有两大亮点：

一是神舟十一号拥有我国首创的特大型降落伞。降落伞系统是飞船返回阶段的重要气动力减速装置，它可以将进入大气层的飞船返回舱从高铁运行速度降到普通人慢跑的速度。神舟十一号的降落伞系统由7000多个零部件组成，是目前我国航天器回收降落伞系统中结构最庞大和最复杂的。其主伞面积约1200平方米，是目前世界上最大的降落伞，全部展开能覆盖三个篮球场。伞衣长度大于20米，加上长达46.2米的伞绳和几米长的吊带，全长达70多米，能够横跨足球场。但它折叠起来的体积还不到200升，和一个家用冰箱差不多大，且重量不到100千克。

二是神舟十一号的着陆缓冲技术有效提升了航天员的乘坐舒适度。经过与空气的"软"摩擦之后，飞船返回舱进入着陆缓冲环节，这最后一步可是"硬碰硬"的撞击。为了在飞船"落脚"的瞬间，航天员们依旧可以保持良好的乘坐体验，科研人员将着陆缓冲技术应用于神舟飞船返回舱，进一步实现了返回舱的"软着陆"。

1.3 在轨试验

神舟十一号在轨期间，航天员们进行了四个在轨试验项目，包括宽波束中继在轨验证试验、变轨控制验证试验、帆板任意偏置角跟踪太阳功能验证试验和微生物控制试验。通过这些试验，进一步验证了"神舟"飞船的设计功能，获取和积累了载人环境相关的飞行试验数据。

除此之外，远在太空中的航天员景海鹏、陈冬与地面上的航天员王亚平一起，为全国青少年录制了一堂生动有趣的"太空科普课"，从"太空养蚕"到"脑机交互"，"天地联讲科普课"不仅开创了天地航天员联手讲课的先河，还增强了"太空科普课"的互动性，进一步展现和推广了我国的航天成果，在祖国未来的花朵们的心中种下航天的种子，以期未来可以开花结果。

1.4　发射小结

在神舟十一号的飞行任务中，我国航天员第一次实现了返回着陆后自行开启舱门的操作。我们知道，当航天员从太空失重环境回到地球重力环境中后，会出现许多不适症状，其中最明显的表现是心跳加速、多汗与轻微的运动失调。航天员们甚至可能会感到头晕、肢体沉重、站立时身体摇晃，并伴有一定程度的立位耐力下降，行走时动作失调、不灵活。这都是人体重新回到地球后的正常生理反应。

所以，航天员们要完成自行开启舱门操作，需要具备很多前提条件。比如，返回舱着陆的位置和返回舱着陆后的姿态要恰到好处；航天员的身体状态要很好，能够适应重新恢复的重力，自行解开安全束缚带，并且能够较快地完成重力再适应。

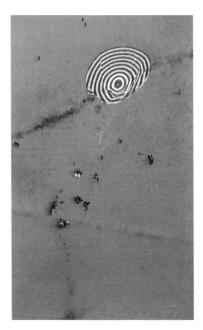

神舟十一号载人航天任务全程的圆满成功，首次实现了我国航天员中期在轨驻留；面向未来的空间站建造运营任务，验证了航天员中期驻留的生命保障技术、人机协同在轨维修技术，考核了空间站运行轨道的交会对接、组合体运行、载人飞船返回等相关关键技术，以及地面长时间任务支持等技术，积累了长期飞行任务管理和组织实施较大规模空间应用试验的相关经验；同时向世界展现了我国在航天领域最新发展的成果，更是中国人民攀登世界科技高峰最新成就的体现。

2016年11月18日，神舟十一号载人飞船返回舱在内蒙古主着陆场成功着陆

第2节

神舟十二号

- **运载火箭**：长征二号F运载火箭
- **飞行乘组**：聂海胜（指令长）、刘伯明（协助员）、汤洪波（协助员）
- **发射时间**：2021年6月17日9时22分
- **返回时间**：2021年9月17日13时30分
- **发射地点**：酒泉卫星发射中心
- **着陆地点**：内蒙古东风着陆场
- **发射目的**：综合评估考核工程各系统执行空间站任务的功能和性能；在轨验证航天员长期驻留、再生式生命保障、空间物资补给、出舱活动、舱外操作、在轨维修等空间站建造和运营关键技术；检验东风着陆场的航天员搜索救援能力
- **主要任务**：航天员进驻组合体核心舱，驻留约三个月，按照天地同步作息制度进行工作生活
- **试验任务**：开展空间应用、航天医学等领域实（试）验，以及有关科普教育活动

神舟十二号是中国载人航天计划中发射的第十二艘飞船，其发射是我国航天员第七次执行载人航天飞行任务，是空间站关键技术验证阶段开展的第四次飞行任务，也是我国航天空间站阶段的首次载人航天任务。

神舟十二号发射升空

神舟十二号载人航天任务，是继2008年神舟七号载人航天任务后，中国航天员再次实施的空间出舱活动，也是空间站阶段中国航天员的首次空间出舱活动。

此次航天员出舱活动，天地间大力协同、舱内外密切配合，圆满地完成了舱外活动相关设备组装、全景相机抬升等任务，首次检验了我国新一代舱外航天服的功能及性能，首次检验了航天员与机械臂协同工作的能力，以及出舱活动相关支持设备的可靠性与安全性，为空间站后续出舱活动的顺利实施奠定了重要基础，标志着我国正式开启空间站时代，我国载人航天事业迈入了一个至关重要的新阶段。

2.1 运行全历程

【2021年6月17日9时22分】

长征二号F运载火箭在酒泉卫星发射中心成功发射升空，将神舟十二号准确送入预定轨道，聂海胜、刘伯明、汤洪波三名航天员进入太空。

【6月17日15时54分】

神舟十二号通过自主快速交会对接模式，成功与天和核心舱前向端口交会对接，同此前已对接的天舟二号货运飞船一起构成三舱（船）组合体，整个过程用时6.5小时。这是天和核心舱发射入轨后，首次与载人飞船进行交会对接。

在神舟十二号与天和核心舱成功实现自主快速交会对接后，航天员乘组从返回舱进入轨道舱。

天和核心舱是中国空间站"天宫"的组成部分，并于2021年4月29日11时23分，在海南文昌航天发射场，由长征五号B遥二运载火箭搭载升空。天和核心舱由节点舱、小柱段、大柱段、后端通道及资源舱组成，舱内安装了三个科学实验机柜和一个应用任务公用支持机柜，舱外预留载荷挂点，配置了大机械臂，配备了三个对接口和两个停泊口。

神舟十二号载人航天任务航天员乘组
出征仪式

【6月17日18时48分】

按照预定程序完成各项准备工作后，航天员们先后打开节点舱舱门、核心舱舱门，聂海胜、刘伯明、汤洪波依次进入天和核心舱。这是中国人首次进入自己的空间站。

【7月4日8时11分】

航天员刘伯明开启天和核心舱的节点舱出舱舱门。截至11时02分，航天员刘伯明、汤洪波身着中国自主研制的新一代"飞天"舱外航天服，先后从天和核心舱的节点舱成功出舱，并完成在机械臂上安装脚限位器和舱外工作台等工作。

在这期间，值守舱内的航天员聂海胜配合支持两名出舱航天员开展舱外操作。12时09分，航天员刘伯明、汤洪波协同完成空间站舱外全景相机抬升操作。神舟十二号航天员的第一次出舱活动顺利完成。

【8月20日14时33分】

经过约6小时的出舱活动，航天员聂海胜、刘伯明安全返回天和核心舱，中国航天空间站阶段第二次出舱活动顺利结束。

神舟十二号飞行模拟图

神舟十二号乘组空间站行礼

航天员汤洪波在舱内协同配合出舱操作

第二次出舱活动圆满完成

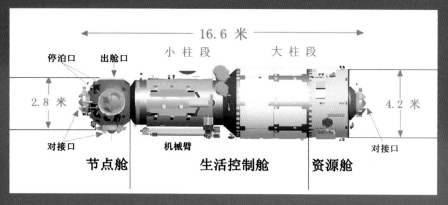

天和核心舱结构图

至此，神舟十二号航天员们圆满完成此次飞行任务期间的全部出舱活动。

【9月16日8时56分】

神舟十二号载人飞船与空间站天和核心舱成功实施分离。神舟十二号飞行乘组已在空间站组合体工作生活了90天，刷新了中国航天员单次飞行任务太空驻留时间的纪录。

两个航天器分离前，航天员们在地面科研人员的配合下，完成了空间站组合体状态设置、实验数据整理下传、留轨物资清理转运等撤离前的各项工作。

【9月16日13时38分】

神舟十二号撤离后，与空间站组合体完成绕飞及径向交会对接试验，成功验证了径向交会对接技术，为后续载人飞行任务奠定了重要的技术基础。

【9月17日13时34分】

神舟十二号返回舱在内蒙古东风着陆场成功着陆，执行此次飞行任务的航天员聂海胜、刘伯明、汤洪波依次安全顺利出舱，航天员身体状态良好，中国航天空间站阶段首次载人飞行任务圆满完成，为后续空间站的建造运营奠定了更加坚实的基础。这也是内蒙古东风着陆场首次执行载人飞船的搜索回收任务。

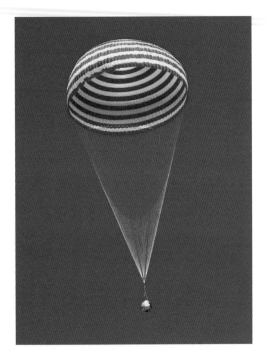

神舟十二号打开降落伞

神舟十二号安全着陆

航天员出舱后挥手示意

航天员安全返回

2.2 核心任务

出舱活动是神舟十二号的核心任务，航天员们共进行了两次。

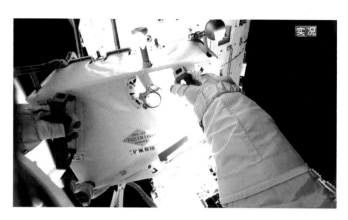

"扩展泵组"实拍

两次出舱活动的任务不同

神舟七号在执行出舱活动任务期间，只需验证舱外航天服能够进行短期的舱外作业，与此不同，神舟十二号执行的任务需要航天员进行两次出舱作业，且每次都长达数小时。因此，该任务具有工作量大、任务重且复杂、出舱活动时间长等难点。

根据任务安排，航天员在第二次出舱活动中的重要任务，是安装一套扩展泵组和抬升一个全景相机。这些工作服务于空间站的建造任务，也是全面涵盖相关关键技术的验证。

扩展泵组——热控回路系统的"心脏"

由于没有大气层的保护，在太阳光的直射下，空间站表面温度最高可达150摄氏度，在背阳面，温度则最低可达−100摄氏度。在这种严酷的太空环境中，热控系统是保障空间站设备正常运行，以及航天员太空生活工作环境舒适的重要系统。

空间站热控系统的核心之一是流体回路。流体回路是整个航天器的命脉，它均匀地包裹住空间站的重要部位，通过特殊液体在管路内的往复循环，将舱内设备及航天员工作生活产生的热量收集起来，再通过回路带到相应的设备和结构中，以实现散热和补热功能；同时还能精确控制空间站不同"房间"的温度，保持温度的均匀和稳定，可以说是为空间站量身打造的"中央空调"。

在天和核心舱发射入轨时，这套循环系统就已经启动工作，但还需要在空间站舱外安装备份用的扩展泵组。扩展泵组被称为空间站舱壁外的"回路心脏"，是空间站热控系统流体回路运行的动力来源之一。随着电路、液路的连通，"心脏"跳动起来，可有效提升核心舱的可靠性，保证空间站热控系统长期稳定地运行。

同时，将扩展泵安装至舱外，容易切入液体循环系统，最大限度地减少对内部工作环境的影响，也方便航天员及时更换。科研人员把所有需要更换的零件集成在一个扩展泵组中，仅需简单的"一钩，二锁，三通，四连"四个步骤，航天员就可以完成扩展泵组的安装，充分验证了舱外泵组更换的可行性，为我国空间站长寿命运转强本固基。

全景相机——监测舱外状况的"慧眼"

第二次出舱活动的另一项重要工作，就是进行舱外全景摄像机的抬升。

空间站尺寸庞大，在运行过程中会面临诸多挑战，需要利用摄像机随时监控舱外情况。另外，由于发射时外暴露的限制，摄像机通常被安装在较低的位置上，视场角有限。入轨之后，航天员需要根据任务要求，给摄像机安装支架，扩展摄像机的视角，以便监视空间站整个舱外的情况。

天地协力，共克难关

在神舟十二号航天员出舱活动的过程中，我们的航天员与地面的指挥人员、工作人员配合密切，比原计划提前约1小时完成任务，表现完美，结果圆满。

（1）出舱程序规范化，1:1全流程演练

在神舟七号航天员第一次出舱活动的基础上，科研人员对工程各系统进行了优化，进一步完善了出舱程序。在神舟十二号航天员的出舱活动中，主要程序没有变化，只精简调整了各工作块之间的时间分配。为此，航天员进行了为期一周的在轨训练。

航天员太空互拍

8月16日，航天员与地面联合进行了一次出舱程序演练。通过1:1的全流程规范化程序演练，验证了出舱活动程序的正确性，同时进一步加强了天地之间的协同配合，特别是和三名航天员之间的协同配合能力。

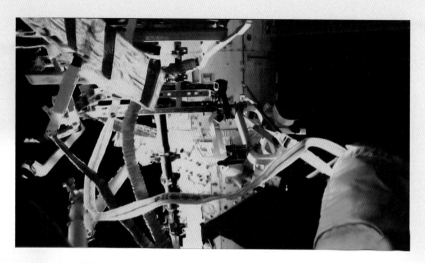

航天员进行舱外操作

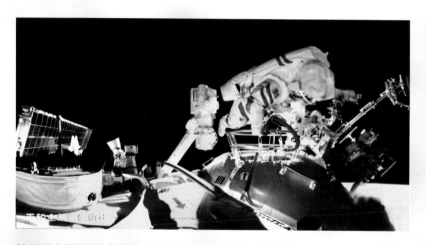

航天员刘伯明身着新一代"飞天"舱外航天服出舱

（2）升级"飞天战袍"，保障太空作业

舱外航天服是航天员执行出舱活动必不可少的"重量级"装备，且需要对整个液路、气路、电路、通信等各大系统的状态进行全面检查并复核确认。由于执行出舱任务的航天员做了调整，因此科研人员对舱外航天服的尺寸进行了调节，更换了手套型号，补充了舱外航天服携带的消耗品，以确保航天员在舱外顺利开展太空作业。

（3）体能体检"双保险"，任务执行更高效

在出舱活动前，执行出舱任务的航天员除了正常的体能锻炼，还要完成运动肺功能检查、尿常规测试等体检项目，确认身体状态良好，并确保在数小时的出舱活动中保

天地大协同

蔚蓝星球

持体能状态良好。同时，北京航天飞行控制中心调配了测控网，对空间站组合体实施24小时不间断的测控跟踪，以确保航天员的出舱活动任务可以正常开展。

2.3　生命方舟

　　神舟十二号载人飞船，是我国当时研制标准最高、各方面指标要求最严格的载人航天器，是航天员实现天地往返的生命之舟。神舟十二号任务，是"神舟"系列载人航天飞船首次执行空间站航天员往返运输任务。作为当时功能最完备的载人航天飞船，它已经完全实现了载人航天工程立项之初对于载人航天飞船的研制目标。

2.3.1 神舟十二号飞船创下的4个第一次

（1）第一次实施载人飞船与空间站的自主快速交会对接

神舟十二号就像是具有全自动驾驶功能的"超级跑车"，能够自主计算、判断到达目的地的情况，并在空间站不断调整姿态的配合下，实现了发射后快速与空间站交会对接的试验目的。

（2）第一次实施绕飞空间站并与空间站径向交会

在此次任务中，神舟十二号的交会对接能力得以加强，不仅具有了更复杂的交会对接飞行模式，而且具备了与空间站进行前向、后向、径向对接口交会对接和分离的功能，并首次开展绕飞空间站试验。

（3）第一次实现长期在轨停靠

神舟十二号在轨停靠三个月期间，为适应空间站复杂构型和姿态带来的复杂外热流条件，科研人员对返回舱、推进发动机和贮箱等热控方案、船站并网供电方案进行了专项设计，使飞船具备供电、热环境保障的适应性配套条件。

（4）第一次具备从不同高度轨道返回着陆场的能力

科研人员对神舟十二号的返回轨道进行了适应性设计，使飞船返回高度从固定值调整为相对范围，并改进返回算法，有效提高了飞船的返回适应性和可靠性。

2.3.2 "天地合力"，安全保障全过程全覆盖

为了保障航天员的生命安全，神舟十二号在整个飞行任务过程中做了充分的安全保障。

发射阶段

神舟十二号上部安装有逃逸塔，可以在发射阶段迅速将航天员带离危险区，并依托降落伞实现安全着陆。

空间站交会对接阶段

在与空间站天和核心舱自动交会对接的过程中，如果发生相对位置、相对姿态的测量控制设备故障，导致不能进行自动对接时，神舟十二号可转由航天员手动控制飞船，通过摄像机图像，观察空间站对接十字靶标，进行人工手控交会对接。

停靠空间站阶段

神舟十二号具备随时紧急撤离空间站、安全返回地球的能力，并配置有两套降落伞，当飞船返回舱冲向地球表面时，一套降落伞出现问题，另一套就可以立即开启，起到减速缓冲的作用，保障航天员的生命安全。

突发情况

神舟十二号发射前，科研人员携带两艘飞船进场，一艘飞船作为发射船的备份，是遇到突发情况时航天员的生命救援之舟。当发射船发射后，备份船依旧在发射场待命，同时具备8.5天应急发射能力及太空救援能力。

2.3.3 小身材大能力，通信设备全面更新

（1）身材小不影响可靠性

在载人飞船测控与通信产品家族里，有两位成员的使用频率很高，那就是应答机和空空通信机。应答机一般用于飞船与地面测控站之间的遥测、遥控、话音及测轨数据传输。空空通信机则用于建立飞船与空间站核心舱之间的双向通信链路，主要传输图像、话音及定位数据等。

为了保障神舟十二号飞行任务的顺利完成，科研人员为应答机和空空通信机增加了数据下行链路带宽，并对它们的重量和体积做了减法，在为它们"瘦身健体"的同时额外加强了它们的可靠性。

在此次任务中，神舟十二号应答机采用了最新的射频微波集成电路技术，把原来的分立元器件升级为集成器件。不但减少了元器件的数量，还将产品的体积、重量缩减为神舟十一号应答机的一半；空空通信机则采用硬件功能软件化的思路，对于不同的需求采用不同的软件配置项，最终实现产品重量在原有基础上减少了1/3，体积减小了1/2。

（2）信息传递实时又安全

载人飞船产品家族里还有一位重要成员，就是话音处理设备。它作为航天员进行天地通话、器间通话的必需设备，为航天员在发射、在轨、返回等环节提供实时语音通信保障。

与神舟十一号相比，神舟十二号的话音处理设备实现了多项"技能升级"，在原有的天地话音链路的基础上，增加了全新的用于交会对接的空空话音链路通道，可以实现载人飞船与空间站对接前的高质量双向通话，为航天员们在空间站这个太空家园中的生活和工作提供了便携式通话服务，航天员不需要在各个舱之间来回穿梭，就可以进行信息传递。

除此之外，对神舟十二号飞行任务的加解密模块中的密码算法，科研人员也进行了全新升级，使天地密话通话更具安全性。

2.4　在轨试验

此次神舟十二号飞行乘组并未在飞船内进行试验，而是进入天和核心舱开展各项空间科学实验和技术试验，比如，空间应用任务实验设备的组装和测试，按程序开展空间应用、航天医学领域等实（试）验，以及航天相关科普教育活动。

2.5　发射小结

"不积跬步，无以至千里。"中国航天员在太空中完成的每一项或复杂或看似简单的任务，都是中国载人航天事业史上浓墨重彩的一笔，是我们迈向成功的坚定步伐。

从载人航天阶段的神舟七号航天员首次完成出舱活动，到我国空间站建造阶段神舟十二号航天员完美完成首次出舱作业，中国航天人用了整整十三年的时间，而我国航天员从空间站阶段首次出舱，到二次出舱，仅仅用了短短的一个半月，并且是在同一次飞行任务中连续完成的。这展现出的，不仅是航天事业蓬勃发展的"中国速度"，也是无数航天人奋发图强、勇于探索的"中国智慧"，更是祖国人民聚力铸就的"中国力量"。

无数的中国航天人，用他们的自强不息证明了中华民族的"飞天梦"不只是梦想，更是能够有序推进的缜密计划。在他们的不懈努力下，我国将按照计划——完成空间站建造阶段的各项任务，实现从航天大国到航天强国的跨越！

第3节

神舟十三号

- **运载火箭:** 长征二号F运载火箭
- **飞行乘组:** 翟志刚(指令长)、王亚平(女,协助员)、叶光富(协助员)
- **发射时间:** 2021年10月16日0时23分
- **返回时间:** 2022年4月16日9时56分
- **发射地点:** 酒泉卫星发射中心
- **着陆地点:** 内蒙古东风着陆场
- **发射目的:** 验证航天员长期驻留保障、再生式生命保障、空间物资补给、出舱活动、舱外操作、在轨维修等关键技术

神舟十三号发射现场

·**主要任务**：航天员进驻空间站，进行为期六个月的在轨驻留，开展机械臂操作、出舱活动、舱段转移等工作

·**试验任务**：开展手控遥操作交会对接、机械臂辅助舱段转位等多项科学技术实（试）验；开展两次"天宫课堂"太空授课活动，以及一系列具有中国特色的科普教育和文化传播活动

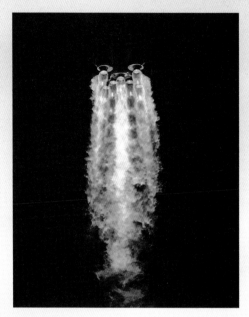

神舟十三号升空图

　　神舟十三号是中国载人航天计划中发射的第十三艘飞船，是我国航天员执行的第八次载人航天飞行任务，是我国空间站关键技术验证阶段的第六次，也是最后一次飞行任务。

　　在长达180天的太空旅程中，神舟十三号创造了数个"第一次"：中国女性航天员第一次出舱作业，中国人第一次在太空过春节，中国人第一次连续在轨飞行时长达到180天，第一次完成太空径向交会对接，神舟飞船第一次执行快速返回任务，等等。

　　神舟十三号载人航天飞行任务的圆满完成，标志着我国空间站关键技术验证阶段完美收官。

3.1　运行全历程

【2021年10月16日0时23分】

　　搭载神舟十三号载人飞船的长征二号F遥十三运载火箭，在酒泉卫星发射中心按照预定时间精准点火发射。大约582秒后，神

神舟十三号发射时与明月同框

舟十三号与火箭成功分离，进入预定轨道，顺利将翟志刚、王亚平、叶光富三名航天员送入太空。

【10月16日6时56分】

神舟十三号入轨后顺利完成了入轨状态的设置，采用自主快速交会对接模式，成功与天和核心舱径向端口交会对接，与此前已完成交会对接的天舟二号、天舟三号货运飞船一起构成四舱（船）组合体。整个交会对接过程历时约6.5小时。

【10月16日9时58分】

按照预定程序完成各项准备工作后，航天员翟志刚成功开启天和核心舱舱门。翟志刚、王亚平、叶光富三名航天员依次进入天和核心舱，中国空间站迎来了第二个飞行乘组和首位女航天员。

【10月17日9时50分】

在顺利进驻空间站天和核心舱后，神舟十三号飞行乘组成功开启货物舱舱门，并顺利进入天舟三号货运飞船。

【11月7日18时51分】

航天员翟志刚成功开启天和核心舱节点舱出舱舱门。截至20时

组图：神舟十三号与空间站组合体完成自主快速交会对接

28分，航天员翟志刚、航天员王亚平身着我国新一代"飞天"舱外航天服，先后从天和核心舱节点舱成功出舱。中国首位出舱活动的航天员翟志刚，时隔13年再次进行出舱活动；王亚平成为中国首位进行出舱活动的女航天员，迈出了中国女性舱外太空行走的第一步。

两名出舱航天员在机械臂的支持下，配合开展了机械臂悬挂装置与转接件安装和舱外典型动作测试等作业。其间，在舱内值守的航天员叶光富全程提供了支持。

【11月8日1时16分】

经过约6.5小时的出舱活动，神舟十三号飞行乘组密切协同，圆满完成出舱活动全部既定任务，航天员翟志刚、王亚平安全返回天和核心舱，此次出舱活动圆满完成。

【12月26日18时44分】

神舟十三号飞行乘组进行第二次出舱活动。航天员叶光富成功打开天和核心舱节点舱舱门。航天员叶光富于18时50分、航天员翟志刚于19时37分，先后从天和核心舱节点舱成功出舱，协同开展空间站舱外全景相机C抬升、自主携物转移验证等操作。其间，驻守舱内的航天员王亚平配合地面操控机械臂，支持两名出舱航天员开展舱外作业。

开展舱外作业，正逐步成为我国空间站阶段载人航天飞行任务的工作常态。后续，中国航天员将开展次数更多、更为复杂的出舱活动，为顺利完成空间站建造及稳定运营提供有力支持。

【12月27日0时55分】

经过约6小时，神舟十三号飞行乘组圆满完成第二次出舱的全部既定任务，航天员翟志刚、叶光富安全返回天和核心舱，空间站关键技术验证阶段中国航天员第四次出舱活动圆满完成。

航天员叶光富首次出舱

航天员翟志刚第三次出舱

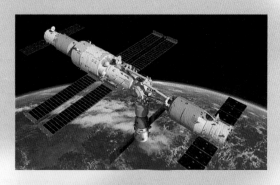

组图：空间站机械臂转位货运飞船试验圆满完成

【2022年1月6日6时12分】

空间站机械臂成功捕获天舟二号货运飞船，转位试验开始。天舟二号货运飞船与天和核心舱解锁分离后，在机械臂的拖动下以核心舱节点舱球心为圆心进行平面转位，随后反向操作，直至天舟二号与核心舱重新对接并完成锁紧，空间站机械臂转位货运飞船试验圆满完成。

【1月8日7点55分】

神舟十三号航天员乘组与地面科技人员密切协同，在空间站核心舱内采取手控遥操作方式，成功完成了天舟二号货运飞船与空间站组合体的交会对接试验。

手控遥操作交会对接作为空间站与来访飞行器交会对接的重要模式，是无人来访飞行器自动交会对接的备份手段。这次试验是首次由航天员在轨利用手控遥操作设备，控制货运飞船与空间站进行交会对接，初步验证了空间站与来访飞行器手控遥操作系统的功能、性能及天地间协同工作程序的合理性。

【2021年12月9日】

"天宫课堂"进行了首次太空授课，"太空教师"翟志刚、王亚平、叶光富与地面课堂的师生们进行了亲密的互动交流。此次授课内容是社会各界通过新闻媒体和网络广泛参与"天宫课堂"授课内容征集活动遴选出来的热门话题，并结合中国空间站的设施条件进行了精心设计，授课活动全程直播进一步拉近了我国青少年与载人航天事业的距离，持续带来探知航天奥秘、学习航天知识的热潮。

【2022年3月23日】

"天宫课堂"第二课成功正式开讲并直播。

【2022年4月16日0时44分】

神舟十三号与空间站天和核心舱成功分离，此次飞行乘组在空间站组合体工作生活了183天，刷新了中国航天员单次飞行任务太空驻留时间的纪录。

分离前，航天员们在地面科技人员的配合下，完成了空间站组合体状态设置、实验数据整理下传、留轨物资清理转运等撤离前的各项工作。

【4月16日9时56分】

神舟十三号返回舱在内蒙古东风着陆场成功着陆，现场医监、医保人员确认航天员翟志刚、王亚平、叶光富身体状态良好，神舟十三号载人航天飞行任务圆满完成。

3.2 七大"首次"

这一次长达半年的"太空出差"，神舟十三号与其飞行乘组创造了多项"首次"。

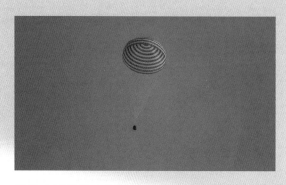

神舟十三号载人飞船返回舱主降落伞打开

神舟十三号载人飞船返回舱成功着陆

医监、医保人员对航天员进行状态检查

（1）首次正式实施径向交会对接

从神舟八号到神舟十二号，与空间站的交会对接方式均为轴向交会对接。而径向交会对接，则是与轴向呈90度夹角来进行交会对接的。这种方式有三大难点：

◆ 持续控制姿态和轨道"难"。径向交会对接过程中，航天器没有稳定的中途停泊点，需要持续对飞船的姿态和轨道进行控制，推进剂消耗大，故障处置难度大。

◆ 飞船姿态和相对位置确定"难"。"神舟"飞船所配有的敏感器就如同它的眼睛，通过观察星星和预设的标志点等来确定自己的飞行姿态、与空间站的相对姿态相对位置等。但在径向交会对接过程中，飞船会有平飞、转竖飞等大范围的姿态机动，对"眼睛"能看到目标和保证"眼睛"不会被复杂光照变化干扰提出了更高要求。

◆ 航天员手控交会对接模式"难"。在径向交会对接过程中，飞船基本失去了地球这个最熟悉的参照基准，测控条件变差，且相对动力学运动特性与轴向交会对接不同，这给手控交会对接模式下的航天员的操作增加了难度。

神舟十三号载人飞船完成全部既定任务，成功返回地球

即便如此，神舟十三号仍排除万难，成功实现了自主快速径向交会对接。

（2）刷新在轨飞行纪录

神舟十三号飞行乘组共在轨飞行183天，创造了中国航天员连续在轨飞行时间的最长纪录。王亚平则成为中国航天员中在轨飞行累计时长最久的一位。

神舟十三号飞行乘组

（3）首次执行应急救援发射待命任务

为应对在轨停靠飞船无法返回的风险，空间站任务阶段首次建立了应急救援任务模式，采用"滚动待命"策略，在发射前一发载人飞船时，后一发载人飞船在发射场待命，通过在轨停靠飞船和发射场待命飞船共同确保在轨航天员的安全。神

空间站机械臂转位货运飞船试验

舟十三号作为神舟十二号的备份船，首次执行了应急救援发射待命任务。

（4）首次实施快速返回流程

为进一步提高返回任务执行效率，缩短地面飞行控制实施时间，提高航天员返回舒适度，神舟十三号首次实施快速返回——通过对飞行任务事件进行合理的裁剪和调整、压缩操作时间，将返回所需时间由以往的11个飞行圈次压缩至5个飞行圈次。

（5）首次利用空间站机械臂操作大型在轨飞行器进行转位试验

2022年1月6日6时59分，经过约47分钟的跨系统密切协同，空间站机械臂转位货运飞船试验取得成功，这是我国首次利用空间站机械臂操作大型在轨飞行器进行转位试验。此次试验初步检验了利用机械臂操作空间站舱段转位的可行性和有效性，验证了空间站舱段转位技术和机械臂大负载操控技术，为后续空间站在轨组装建造积累了经验。

（6）航天员首次在轨进行手控遥操作试验

2022年1月8日上午，神舟十三号航天员在地面科技人员的密切协同下，在空间站核心舱内采取手控遥操作方式，圆满完成了天舟二号货运飞船与空间站组合体交会对接试验。这是我国航天员首次在轨进行手控遥操作试验。此次

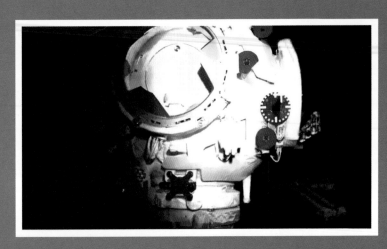

航天员首次在轨进行手控遥操作试验

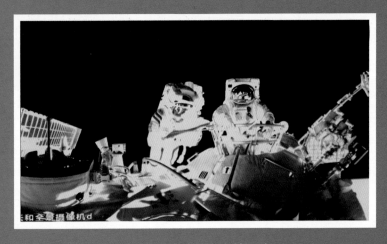

神舟十三号航天员乘组圆满完成首次出舱活动

试验初步验证了空间站与来访飞行器手控遥操作系统的功能、性能及天地间协同工作程序的合理性。

（7）女航天员的多个"首次"

随着航天员王亚平再度踏上前往太空的旅程，中国空间站迎来了首位女航天员。

2021年11月7日18时51分，王亚平从天和核心舱节点舱成功出舱，成为中国首位进行出舱活动的女航天员，她轻盈的一步是中国女性舱外太空行走的第一步。

3.3 技术解密

测控通信

2022年4月16日9时56分，神舟十三号返回舱在内蒙古东风着陆场成功着陆。这是时隔17年后，返回舱再次呈正立姿态降落在地面上。

在此次任务中，中国航天测控通信系统承担着重要的责任，让整个飞行任务得以安全高效地完成。

（1）天地协同，高效完成收尾工作

就像我们旅游返程前要打包好自己的行李一样，航天员们在撤离空间站之前也要完成各种收尾工作，比如将空间站组合体设置为无人驻留状态，对接下来用不到的工具设备进行打包，固定好舱外航天服及出舱工具，对各类阀门进行调节等。

虽然我国载人航天飞船往返于天地之间已经逐步进入流程化，但是每一批航天员都是带着各自的任务前来。为了方便下一批航天员来到空间站后可以快速开展工作，神舟十三号飞行乘组在返程前将需要带走和留下的东西分门别类准备好。

执行这项工作，需要地面工作人员与在轨航天员同步进行检查和确认。在空间实验室内时，由于摄像机定向的限制，地面工作人员无法随时确认舱内情况，需要航天员与地面进行沟通

神舟十三号载人飞船返回舱顺利返回着陆

神舟十三航天员乘组在返回前整理物资

航天员翟志刚通过手持摄像机与地面沟通

返回前，地面工作人员与航天员天地通话

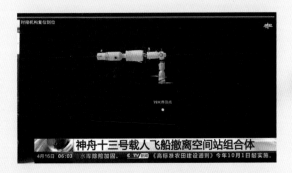

神舟十三载人飞船撤离后采用快速返回方案

确认。因为实现了无线网络通信技术（Wi-Fi）全覆盖，神舟十三乘组只需要手持摄像机就可以实时反馈每一处的画面，非常高效。

通过天和核心舱强大的中继终端和天链中继卫星，这些图像被实时传回地面，工作人员通过实时双向视频通话与在轨航天员高效协同，帮助在轨航天员又快又好地完成撤离前的状态设置工作。

（2）精准定位

我们在地球上开车时，可以轻松看到四周的情况，可航天员在飞船中进行每一项行动时，是无法观测到飞船周围的情况的。这就需要中继卫星将伴飞卫星和其他设备拍摄的画面与数据传输到飞船的大屏幕上，以便航天员们了解情况。

神舟十三号停泊在天和核心舱节点舱的径向对接口处，在执行分离操作时，被核心舱与货运飞船舱体及太阳帆板遮挡，神舟十三号"看不见"自己头顶正上方的中继卫星，因此无法建立高速中继通信链路。

为了解决这一问题，在这次飞行任务中，神舟十三号与天和核心舱采用了双向高速点对点的空空通信。天和核心舱肩负起"信使"的职责，利用自己的中继链路，将收到的神舟十三号的数据、图像与话音传回地面；同时，将地面要发给飞船的指令和话音代收并转发给飞船，直到神舟十三号可以"看到"中继卫星，建立起自己的中继通信链路为止。

（3）返回舱的安全守卫

在进入返回轨道后，神舟十三号开始启用自己的中继终端，借助天链中继卫星系统，实现接近全时段的测控覆盖。在测控区内，地面飞控中心的工作人员可对神舟十三号进行实时控制与状态监视，还能与航天员进行双向通话，并通过传回的图像监视舱内外状态。

在神舟十三号的推进舱与返回舱分离、再入大气层前，神舟十三号在喀什地面站测控区内完成再入前的最终状态设置。

返回舱冲出黑障区到落地前，全程都在东风地面站的测控区范围内，此时舱载无线电信标机开机，引导地面搜救分队完成返回舱的定向。

神舟十三号返回舱落地后，利用北斗卫星的导航信号完成精准定位，再借助卫星信标机将位置信息发送给国际救援卫星系统地面站。地面站将实时接收到的返回舱地理坐标传回指挥中心，引导搜救人员迅速找到返回舱。

地面全程监控返回舱内的神舟十三号航天员乘组

喀什地面站

神舟十三号载人飞船返回舱着陆东风着陆场

在神舟十三号飞行乘组返回期间，测控通信工作者们承担了对返回舱的飞行轨迹、姿态和工作状态的测量、监视与控制任务，提供与航天员进行视频和语音通信的通道，助力本次任务画上圆满的句号。

快速返回模式

神舟十三号的快速返回模式，依然采用完全由中国创造，体现中国智慧与智能的自适应预测制导方法实施快速返回，可进一步提高返回任务的执行效率，缩短地面飞行控制实施时间，提高航天员的返回舒适度。

3.4　在轨试验

（1）完成多项空间科学实验

神舟十三号飞行乘组在轨驻留期间，共完成了9项人因工程技术实验、三类26项航天医学领域实验和2项空间应用领域实验，开展了以无容器材料、高微重力实验为重点的空间科学研究与

航天员安全顺利出舱

返回舱在东风着陆场"落妥"

应用，成功完成了多个纯金属、多元合金材料实验，样品悬浮控制精度优于0.1毫米，熔化温度达到2000摄氏度以上，首次获得了$10^{-7}g$量级的高微重力环境，达到国际先进水平。

（2）开展一系列科普与教育活动

2021年12月9日15时40分，"天宫课堂"第一课开讲，航天员翟志刚、王亚平、叶光富变身"太空教师"，在中国空间站进行太空授课。

2022年3月23日，"天宫课堂"第二课开讲，三位"太空教师"在中国空间站演示了太空"冰雪"实验、液桥演示实验、水油分离实验、太空抛物实验等。

2022年1月1日，"元旦京港澳天宫对话"活动举行。神舟十三号飞行乘组在新年第一天，与来自北京、香港和澳门的青年学生进行了一场别开生面又富有意义的互动交流活动，共话"太空梦"，一起向未来。

3.5 发射小结

由于神舟十三号任务在轨时间长，飞行乘组的航天员们首次在太空中度过了中国的传统佳节——春节和元宵节。

"天宫课堂"第一课

中国空间站第二次太空授课

"青春与星空对话"天宫画展亮相中国空间站

航天员在太空迎新春

神舟十三号航天员乘组为北京冬奥会送祝福

在冬奥会期间，远在地球之外"出差"的航天员们也心系祖国的奥运赛事，进行了一次"宇宙级"的互动，太空祝福"从天而降"，一起为冬奥健儿们加油喝彩！

从神舟一号到神舟十三号，无数航天人艰苦奋斗22年，踏实稳健地在太空踏出的每一小步，最终汇聚成了中国载人航天工程的一大步，拉开了中国空间站建造阶段的大幕，为中国未来在月球和火星探测方面的太空科研工作开辟了道路，为我国空间站组装建造和长期运营奠定了坚实基础。

尾章

神舟扬帆，永无止境

万事开头难，中国人的航天路从来都不是一帆风顺的。

我国第一项载人飞船研制工程诞生于 1970 年 7 月 14 日，那时的航天人将它命名为"曙光"。在"中国航天之父"钱学森的推动下，"曙光一号"载人飞船研制工程正式开始，秘密代号为 714 工程。

为了让我国的载人航天工程能够顺利进行下去，钱学森四处奔走，组织成立了"507 所"，也就是现在的北京航天医学工程研究所。但由于当时我国经济实力薄弱，无力支撑载人航天这样耗资巨大的工程，于是 714 工程于 1975 年被迫暂停。那是航天人的至暗时刻，也是黎明前殷切期盼"曙光"出现的时刻。面对 507 所的数次裁撤通知，钱学森三次力挺，保住了"航天梦"的火种。

1986 年，我国"863 计划"启动，载人航天工程随之重启。

1999 年 11 月 20 日 6 时 30 分 7 秒，长征二号 F 运载火箭托举着我国自主研制的第一艘航天飞船，奔赴广袤的苍穹。这艘被航天人寄予厚望的飞船，最终定名为"神舟"——谐音为代表中国的"神州"，是一艘满载神州儿女共同智慧与血汗、为中华民族圆梦飞天的"神秘而神奇的天河之舟"。

2003 年 10 月 16 日 6 时 23 分，神舟五号凯旋。从那时起，每一位从太空归来的航天英雄都会前往钱学森家中报告好消息。这样的问候一直持续到 2009 年钱学森去世。

这位推动中华民族"飞天梦"不断前进的巨人停下了脚步，但他留下的火种仍在每一位航天人的心中燃烧，无数航天人沿着他踏出的路一步步坚定前行，走出了一条具有中国特色的"飞天大道"。

从 1999 年到 2022 年，我们见证了神州大地上的日新月异，见证了中国航天人在浩瀚宇宙中奋力画下的每一笔，这一切都依托于一个顺应了伟大时代的强大国家。

　　钱学森曾在自己终于推导完成的长达800页的推算手稿的结尾写下"Final"（最后的，不可改变的）。紧接着，他又补充了一句"Nothing is final"（永无止境）。

　　"神舟"高帆不降，汽笛不息，绵延千年的神州航天梦将越飞越远，一如中国人对无尽苍穹的探索，永无止境。

下篇 火箭

序 章

我们远征的脚步可跨越山海，
亦可连通天地

1934年10月—1936年10月，中央红军（红一方面军），红2、红6军团（红二方面军），红四方面军和红25军相继撤离长江南北各苏区，进行战略大转移，纵横十余省，行程二万五千里，胜利到达陕甘宁地区，实现了红军主力的大会师。这场惊心动魄的远征，历时之长，行程之远，敌我力量之悬殊，自然环境之恶劣，在人类战争史上是极其罕见的。

长征，不仅谱写了可歌可泣的战争史诗，更铸就了伟大的长征精神。

长征精神

1　把全国人民和中华民族的根本利益看得高于一切，坚定革命的理想和信念，坚信正义事业必然胜利的精神；

2　为了救国救民，不怕任何艰难险阻，不惜付出一切牺牲的精神；

3　坚持独立自主、实事求是，一切从实际出发的精神；

4　顾全大局、严守纪律、紧密团结的精神；

5　紧紧依靠人民群众，同人民群众生死相依、患难与共、艰苦奋斗的精神。

运载火箭是发展空间技术、确保空间安全的基石，也是实现航天器快速部署、重构、扩充和维护的根本保障。我国自行研制的航天运载工具——长征系列运载火箭，承托起了每一代飞船及卫星。它身稳若泰山，升空时却有如鸿毛，于万里高空长征，以惊人之势，筑起了我国在空中的壁垒。打响第一炮的，是长征一号运载火箭，它将东方红一号卫星送入预定轨道，奠定了长征系列火箭发展的基础。长征二号系列运载火箭是而今中国最大的运载火箭家族，承担近地轨道和太阳同步轨道的发射任务。长征三号是我国运载火箭发展史上的一个重要里程碑：它首次采用了液氢和液氧作火箭推进剂，首次实现火箭的多次启动，首次将有效载荷送入地球同步转移轨道。如此多的突破，让人欣喜，航天人没有止步，陆续研发了长征四号、长征五号系列。长征五号系列运载火箭是大型低温液体运载火箭，承担了大质量载荷、空间站建设和深空探测等发射任务。长征七号是高可靠、高安全的中型液体运载火箭，主要用于发射天舟货运飞船，以满足中国载人空间站建设的需求……

曾经住在太空的稚语，不再是一句玩笑，而是手可摘星辰的未来。

曾经无比仰望的天空，到当下，已经是我们展现科技实力的舞台。

长征系列奔腾征途，托举我们的航天梦，直济苍茫星海！

第一章

克服地球引力、进入空间的唯一工具

火箭是火箭发动机喷射工质（工作介质）产生的反作用力向前推进的飞行器。它自身携带全部推进剂，不依赖外界工质产生推力，可以在大气层内，也可以在大气层外飞行，是实现航天飞行的运载工具。

火箭按照实际用途可以分为探空火箭和运载火箭。

第1节

探空火箭

　　探空火箭是将科学仪器以抛物线轨迹送入地球大气层的上部区域，使其进入近地空间的一种火箭。

　　利用探空火箭可以在高度方向探测大气各层结构成分和参数，研究电离层、地磁场宇宙线、太阳紫外线和X射线、陨尘等多种日—地物理现象。探空火箭所获取的资料可用于天气预报、地球和天文物理研究，为运载火箭、人造卫星、载人飞船等飞行器的研制提供了必要的环境参数。探空火箭还可以用于某些特殊问题的试验研究，比如，利用它提供的失重状态研究生物机体的变化和适应性，利用它进行新技术和仪器设备的验证性试验等。

　　探空火箭一般为无控制火箭，具有结构简单、成本低廉、发射方便等优点。它更适用于临时观察短时间出现的特殊自然现象（如极光、日食、太阳爆发等），以及持续观察某些随时间、地点变化的自然现象（如天气）。

　　探空火箭按研究对象可分为气象火箭、生物火箭、地球物理火箭等。探空火箭系统由有效载荷、火箭、发射装置和地面台站组成。

探空火箭

有效载荷大多装在箭头的仪器舱内。仪器舱的直径有时可大于箭体直径。对有效载荷采集到的信息可通过遥测装置发送到地面台站进行接收处理或者在火箭下降过程中将有效载荷从火箭内弹射出来，利用降落伞等气动减速装置将其安全降落到地面进行回收。有效载荷的重量和尺寸取决于探测要求，一般为几千克到几百千克，最重甚至可达几吨。

　　火箭包括箭体结构、动力装置、稳定尾翼等。大多数探空火箭是单级或两级火箭，也有的是三级、四级火箭。动力装置通常采用固体发动机，它可以简化发射操作流程，缩短发射操作时间。探空火箭对火箭姿态和飞行弹道的要求不像运载火箭那样严格，一般不设控制系统，仅依靠稳定尾翼促使火箭绕纵轴旋转来保证飞行稳定，只有在需要精确定位和定向时才设置控制系统。

　　发射装置通常用导轨和塔式发射架，使火箭获得足够大的出架速度。无控制火箭的飞行弹道受风的影响较大，为了保证达到预定的高度和减小弹道散布，探空火箭发射时，还需要根据发射场历年的高空风测量资料采用风补偿技术来调整和确定发射角度。大多数探空火箭从地面以接近垂直状态发射，也有从移动式发射车发射的，根据需要还可从舰船或升到空中的气球上发射。

　　地面台站主要包括接收测量信息的地面接收设备、跟踪火箭的定位测速设备（如雷达）和电子计算机等。雷达跟踪方式有反射式和应答式两种，应答式比反射式的跟踪距离更大。将地面接收设备接收的遥测数据直接输入电子计算机处理，可实时给出探测结果。

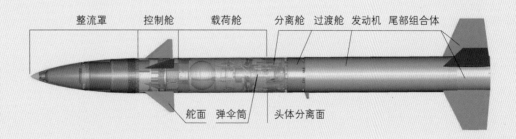

天鹰二号探空火箭结构图

第2节

运载火箭

运载火箭是由多级火箭组成的将各种人造航天器推向太空的航天运载工具。多数情况下，当运载火箭按照计划把人造地球卫星、载人飞船、空间站和空间探测器等有效载荷送入预定轨道后，运载火箭将被抛弃。目前，已有可回收式火箭投入使用。

按照所用的推进剂来分类，运载火箭可以分为固体火箭、液体火箭和固液混合型火箭三种类型。按照级数分类，可以分为单级火箭、多级火箭，其中多级火箭按级与级之间的连接形式可分为串联型、并联型、串并联混合型三种——串联型火箭级与级之间的连接分离机构简单，其上面级的火箭发动机在

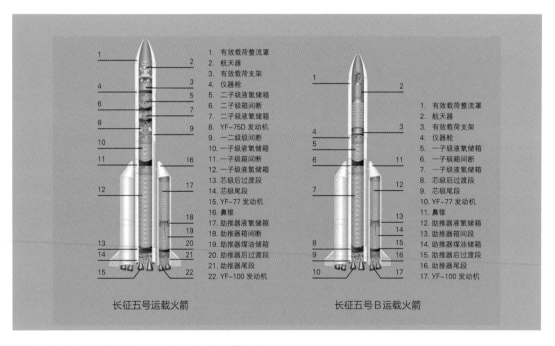

长征五号运载火箭	长征五号 B 运载火箭
1. 有效载荷整流罩	1. 有效载荷整流罩
2. 航天器	2. 航天器
3. 有效载荷支架	3. 有效载荷支架
4. 仪器舱	4. 仪器舱
5. 二子级液氢储箱	5. 一子级液氧储箱
6. 二子级箱间断	6. 一子级箱间断
7. 二子级液氧储箱	7. 一子级液氢储箱
8. YF-75D 发动机	8. 芯级后过渡段
9. 一二级级间段	9. 芯级尾段
10. 一子级液氧储箱	10. YF-77 发动机
11. 一子级箱间断	11. 鼻锥
12. 一子级液氢储箱	12. 助推器液氧储箱
13. 芯级后过渡段	13. 助推器箱间段
14. 芯级尾段	14. 助推器煤油储箱
15. YF-77 发动机	15. 助推器后过渡段
16. 鼻锥	16. 助推器尾段
17. 助推器液氧储箱	17. YF-100 发动机
18. 助推器箱间断	
19. 助推器煤油储箱	
20. 助推器后过渡段	
21. 助推器尾段	
22. YF-100 发动机	

长征五号运载火箭与长征五号 B 运载火箭结构图

高空点火；并联型火箭的连接分离机构较串联型复杂，其核芯级第一级火箭与助推火箭在地面同时点火。

无论哪一种运载火箭，其主要的组成部分均包括结构系统（又称箭体结构）、动力装置系统（又称推进系统）和控制系统。这三大系统被称为运载火箭的主系统，主系统直接影响运载火箭飞行的成败。此外，运载火箭上还有一些不直接影响飞行成败，并由箭上设备与地面设备共同组成的系统，例如遥测系统、外弹道测量系统、安全系统和瞄准系统等。

（1）箭体结构是运载火箭的基体，用来维持火箭的外形，承载火箭在地面运输、发射操作和在飞行中作用在火箭上的各种载荷，安装连接火箭各系统的所有仪器、设备，把火箭上所有系统、组件连接组合成一个整体。

（2）动力装置系统是推动运载火箭飞行并获得一定速度的装置。对液体火箭来说，动力装置系统由推进剂输送、增压系统和液体火箭发动机三大部分组成。固体火箭的动力装置系统比较简单，它的主要部分就是固体火箭发动机，推进剂直接贮存在发动机的燃烧室壳体内。

（3）控制系统是用来控制运载火箭沿预定轨道正常可靠飞行的部分。控制系统由制导和导航系统、姿态控制系统（又称姿态稳定系统）、电源供配电和时序控制系统三大部分组成。制导和导航系统的作用是控制运载火箭按预定的轨道运动，把有效载荷送到预定的空间位置并使它准确进入轨道。姿态控制系统的作用是纠正运载火箭在飞行中的俯仰、偏航、滚动误差，使它保持正确的飞行姿态。电源供配电和时序控制系统则按预定飞行时序实施供配电控制。

（4）遥测系统的用途是把运载火箭在飞行中各系统的工作参数及环境参数测量下来，通过运载火箭上的无线电发射机将这些参数发送回地面，由地面接收机接收；也可以将测量所得的参数记录在运载火箭的磁记录器上，在地面回收。这些测量参数既可以用来预报航天器入轨时的轨道参数，又可以用来鉴定和改进运载火箭的性能。

（5）外弹道测量系统的用途是利用地面的光学和无线电设备与装在运载火箭上的对应装置一起，对飞行中的运载火箭进行跟踪，并测量其飞行参数，用来预报航天器入轨时的轨道参数，也可以作为鉴定制导系统的精度和故障分析的依据。

（6）安全系统的功用是当运载火箭在飞行中一旦出现故障不能继续飞行时，将它在空中炸毁，避免运载火箭坠落后给地面造成灾难性的危害。安全系统包括运载火箭上的自毁系统和地面的无线电安全系统两部分。火箭上的自毁系统由测量装置、计算机和爆炸装置（炸药筒）组成。当运载火箭的飞行姿态、飞行速度超出允许的范围时，计算机发出引爆爆炸装置的指令，使运载火箭在空中自毁。无线电安全系统则是由地面雷达测量运载火箭的飞行轨道，当运载火箭的飞行超出预先规定的安全范围时，从地面发出引爆火箭上爆炸装置的指令，由火箭上的接收机接收后将火箭在空中炸毁。

（7）瞄准系统的功用是给运载火箭在发射前进行初始方位定向，由地面瞄准设备和运载火箭上的瞄准设备共同组成。

中国火箭发展小史

1960.2.19　T-7M火箭升空

T-7M火箭是中国第一枚液体燃料探空火箭，它的问世标志着我国运载火箭事业正式拉开序幕。其主要任务是把科学仪器、试验部件或实验生物等送到高空，以测量、获取所需要的数据和资料，研究自然现象的发展变化和试验新技术的可行性等。

1970.4.24　长征一号首飞

作为中国第一种运载火箭，长征一号运载火箭成功将东方红一号卫星送入预定轨道，奠定了长征系列火箭发展的基础，并使中国成为世界上第五个能独立发射人造地球卫星的国家，开辟了中国自主进入空间的新纪元。

1974.11.5　长征二号首飞

长征二号是中国运载火箭的基础型号，用于发射返回式卫星。在长征二号运载火箭的研制过程中，科研团队首创小推力弹道方案，将运载能力提升了25%；首飞失利后，科研团队系统研究并形成运载火箭大型地面试验方法。

1984.1.29　长征三号首飞

在长征二号丙运载火箭的基础上，增加了2.25米直径氢氧三子级形成的三级液体火箭——长征三号运载火箭，主要用于发射地球同步轨道有效载荷。长征三号运载火箭的成功发射，标志着中国运载火箭技术跨入世界先进行列，是中国运载火箭发展史上的一座重要里程碑。

1988.9.7　长征四号首飞

"长征四号"系列运载火箭最早可追溯到上海航天局的风暴一号火箭，它拥有长征四号甲、长征四号乙、长征四号丙等型号，主要承担太阳同步轨道卫星的发射任务。

2015.9.20　长征六号首飞

长征六号是由上海航天技术研究院研制的无毒、无污染的小型低温液体运载火箭，主要用于发射太阳同步轨道卫星。长征六号运载火箭具备适应简易设施发射的能力，可实现快速发射。

2015.9.25　长征十一号首飞

长征十一号是四级全固体运载火箭，是"长征"系列运载火箭中首枚小型固体运载火箭。与现役以液体推进剂为动力的"长征"系列运载火箭相比，它的发射准备时间由"月"缩短为"小时"，这将大大提升中国快速进入空间的能力。

2016.6.25　长征七号首飞

长征七号是中国运载火箭技术研究院研制的中型液体运载火箭，主要用于发射天舟货运飞船，以满足中国载人空间站建设的需求。长征七号运载火箭采用"两级半"构型，为全液氧煤油火箭。未来它将逐步替代"长征二号""长征三号""长征四号"系列运载火箭，承担中国80%左右的发射任务。

2016.11.3　长征五号首飞

长征五号是新一代大型低温液体运载火箭。它的芯级使用液氧/液氢推进剂，助推器使用液氧/煤油推进剂。该系列火箭拥有长征五号和长征五号乙两种型号，主要承担大质量载荷、空间站建设和深空探测等发射任务，是目前中国运载能力最强的运载火箭。

2020.12.22　长征八号首飞

长征八号是中型运载火箭，主要面向中高轨商业发射市场。它具有发射成本适中、发射周期更短、适应多个航天发射场条件等特点，未来有望具备简易塔架适应能力，实现总装、测试及发射一体化，以及芯一级和助推器的整体垂直回收。

自长征四号运载火箭首飞以后，"长征"系列运载火箭的发射顺序为什么打乱了？

细心的读者也许已经注意到了，从长征一号到长征四号，我们的"长征"系列运载火箭都是按照发射时间来排序的，可长征六号、长征十一号、长征七号纷纷先于长征五号冲上云霄，长征九号、长征十号更是至今未见真容。长征四号后续的火箭序列之所以发生变化，与各型号火箭研发的难度系数息息相关。

Q：长征十号去哪儿了？
A：长征十号运载火箭是一款由钱学森论证的纸面火箭，原计划在1975年首次发射，但未实现。规划中的长征十号运载火箭，近地轨道运载能力为50—150吨，用于重型货运飞船或载人登月。但由于时代的局限及目标设定过高，最终夭折。

第二章　探空火箭初试牛刀

T7火箭是我国历史意义上的第一种型号火箭，该火箭共有三个型号：T-7M探空火箭、T-7A/S1生物探空火箭、T-7A（Y）新技术试验火箭。

第1节

T-7M 火箭

T–7M火箭是中国第一枚液体燃料探空火箭。

1.1 运载火箭事业拉开序幕

1960年2月19日，试验型液体探空火箭T–7M在上海市南汇县老港镇东简易发射场秘密成功发射并回收，迈出了中国探空火箭技术的第一步，我国的航天事业从这里启航。

作为我国历史意义上的第一种型号的火箭，T–7探空火箭在1963—1965年先后发射了10枚。

1.2 艰辛的起步

为了保证主火箭发动机启动安全和工作可靠，专家们经过数次试验，最终确定采用爆破薄膜作为启动阀，并要求薄膜的铣削深度公差应保证在0.005毫米以内。但当时的机械加工技术无法实现这一要求，所以只好改用化学腐蚀法加工。

研究人员自己动手把针头磨成微型刻刀，在印刷纸上刻出所需图案，再印刷到丝绢上，随后又进行了大量的加工试验，才使爆破压力精度达到设计要求。

由上海机电设计院研制的中国第一枚液体火箭T–7M 001号火箭在发射前加注推进剂

当时的发射场设施非常简陋：发电站是用芦席围成的，顶上只盖了一张油布；发射场没有通信设备，总指挥下达命令只能靠呼叫和手势；没有专用的加注设备，加注推进剂是用自行车打气筒作为压力源来完成的；没有自动遥测定向天线，就靠几个人用手转动天线来跟踪火箭。

运载火箭事业创业之初，一切条件都非常艰苦，研究人员就是靠着艰苦奋斗的精神，因陋就简，成功发射了中国第一枚探空火箭。

中国首枚火箭发射现场

603基地是我国首个比较完整的探空火箭发射试验场

第2节

T-7A（S1/S2）火箭

　　1964年7月19日，我国第一枚生物探空火箭T-7A/S1在安徽广德发射成功，将8只小白鼠送入80千米的高空且安全返回。生物火箭的成功发射是我国探空火箭技术迈出的重要一步。

　　对于我国载人航天器的研制，生物火箭的成功发射有着极大的意义和作用。

探空火箭研制团队观看T-7M-004火箭发射

1966年7月15日、28日，成功发射两发T-7A（S2）生物探空火箭

2.1　什么是生物火箭

生物火箭，就是用动物代替人来模拟载人情况的试验火箭。在当时，老鼠、狗或者猴子是主要的实验对象。

生物火箭的应用极大程度上避免了直接用人做实验的高风险，为未来载人航天事业的发展积累了大量宝贵经验。

2.2　小狗的挑选很重要

在将8只小白鼠成功送入80千米的高空后，我国生物火箭的第一阶段任务就算完成了，随后进入第二阶段，第二阶段的任务要求将小白鼠替换成体形更大的生物，如狗。

狗作为人类的朋友，在我们的生活中随处可见，可是要作为"试验员"进入生物火箭，必须经过一番精挑细选。

根据第二阶段生物火箭试验任务的需求，参与试验的小狗体重要控制在6—8千克，重点是性格要温和机敏，并且身体不能有任何疾病和缺陷。

从备选的30多只小狗中，研究专家们最后选中了两只符合要求的小狗：一只是公的，取名叫"小豹"；另一只是母的，取名叫"珊珊"。

之后，两只小小的"试验员"便代替人类航天员开始了严酷的训练，训练内容和人类航天员差不多，比如在离心机上适应旋转、在冰箱中适应低温、在

生物探空火箭的试验员：小狗"小豹"和"珊珊"

炎热环境下适应高温等。

经过一年多的训练，1966年7月15日，"小豹"率先出征，乘坐T-7A/S2火箭成功到达70千米高空，科学家们通过它身上的传感器收集到大量资料，对未来的载人航天事业起到了重要的参考作用。

同月28日，"珊珊"进行了同样的试验，最后也取得了圆满的成功。自此之后，可爱又坚强的"小豹"和"珊珊"被写入了中国航天的史册。

第二阶段生物火箭任务圆满完成，生物火箭试验进入第三阶段，这个阶段的生物将小狗替换成了体形更大一些的猴子，但可惜的是，因为种种原因，第三阶段的试验中止了。

直到2003年，神舟五号载人航天飞船在万众瞩目中将航天员杨利伟成功送入太空，又安全返回地面，我们终于实现了期盼千年的"飞天梦"。虽然时间推迟了很多年，但我国航天事业后来居上，如今已经成为世界航天领域一支不可忽视的力量。

1960—1968年T7系列火箭共发射20枚。

（1）气象火箭T-7号，共发射12枚，用以测量60千米以下的大气温度和大气压力；

（2）生物火箭T-7A（S）号，共发射5枚，火箭飞行高度约70千米，3枚以小白鼠、2枚以狗为主要试验对象；

（3）新技术试验火箭T-7A（Y）号，共发射2枚，最大飞行高度达311千米，进行人造卫星仪器性能试验和固体火箭发动机高空点火试验等。

第三章 长征一号

1970年4月24日，中国运载火箭技术
研究院负责总研制的长征一号火箭成功发射
我国第一颗人造地球卫星——东方红一号，
开启了中国进入太空的大门……

长征一号

1.1 长征一号发射的重要意义

作为中国航天史上最重要的一座丰碑，长征一号运载火箭（CZ–1）可以说是中国运载火箭家族里的"祖师爷"，它承载的深厚内涵远不止序列排号上的"一"这么简单。

长征一号运载火箭是中国第一枚完全独立自主研制的空间运载火箭，它为中国运载火箭大家族的后续辉煌开了一个好头。

20世纪60年代，我国研制第一代运载火箭。

1966年5月，我国第一颗人造地球卫星定名为"东方红一号"，而负责将它护送上太空的，便是长征一号运载火箭。

1970年4月24日，在酒泉卫星发射中心的发射场上，按照预定计划，长征一号运载火箭在万众瞩目中腾空而起，载携着东方红一号卫星向南方飞去。15分钟后，我国的第一颗人造地球卫星在太空中播放起优美动听的乐曲《东方红》。从

中国运载火箭技术研究院大门

此，属于中国的太空时代拉开了序幕。

长征一号运载火箭的成功发射，使我国成为世界上第五个自行研制发射人造地球卫星的空间大国。为了纪念这一伟大进程，自2016年起，我国将每年的4月24日设立为"中国航天日"。

1.2 长征一号的结构

长征一号运载火箭的总体结构分为三级，并采取串联布局，从箭尾至箭顶依次为一子级、二子级和整流罩（内含三子级）。

长征一号运载火箭的一子级为圆柱壳，从上至下分别是级间段、杆系、氧化剂贮箱、箱间段、燃料贮箱和尾段。液体火箭发动机通过机架与燃料贮箱后的过渡段相连，尾段下部装有燃气舵，外侧对称固定安装了四个稳定尾翼。

二子级为"锥—柱"壳，上部是锥形仪器舱，舱内安装有一二级动力段和滑行段控制、测量及安全自毁设备。液体火箭发动机通过机架与贮箱锥形后底连接，尾段内装有电池及外弹道测量跟踪系统的雷达应答机。四个燃气舵安装在尾段的燃气舵舵圈上。

整流罩为"锥—柱"壳，半锥角25度。三子级主体为固体火箭发动机。它的上部是仪器架，架中央的弹射器用来固定、支持有效载荷（卫星）。三子级通过锥裙与二子级相连。

长征一号运载火箭载携东方红一号成功发射

中国运载火箭家族里的"祖师爷"：长征一号运载火箭

详细参数
火箭全长：29.46米
起飞重量：81.50吨
最大直径：2.25米
起飞推力：1020.00千牛
运载能力：300.00千克
发射时间：1970年4月24日

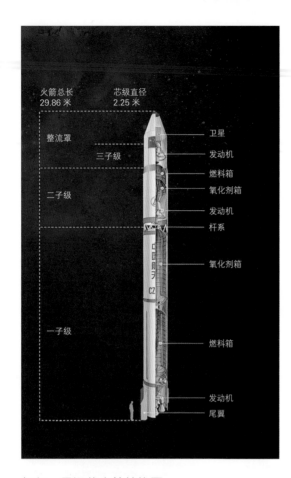

火箭总长
29.86 米

芯级直径
2.25 米

整流罩

三子级

二子级

一子级

卫星

发动机

燃料箱

氧化剂箱

发动机

杆系

氧化剂箱

燃料箱

发动机

尾翼

长征一号运载火箭结构图

Q：长征一号将哪颗卫
　星送入了太空？
A：遥感卫星一号
B：风云一号气象卫星
C：东方红一号
答案：C

长征一号运载火箭各级之间及有效载荷与三子级之间，均用爆炸螺栓连接。一二子级采用热分离，二三子级采用冷分离。整流罩与三子级之间解锁后，由火药弹射筒平抛离开箭体。卫星则依靠三子级上的弹射器分离。

1.3　长征一号的系统

长征一号运载火箭由结构系统、推进系统、制导和控制系统、跟踪遥测系统、自毁系统和电源配电系统等部分组成。

结构系统

结构系统又称箭体结构，是运载火箭的基体，用来维持火箭的外形，安装、连接火箭各系统内的所有仪器、设备，承受火箭在地面运输、发射操作和在飞行过程中箭上的各种载荷。

长征一号运载火箭的箭体结构，是由一、二、三子级结构加上整流罩组合而成的。

推进系统

推进系统是利用反作用原理为飞行器提供推力的装置。在长征一号运载火箭中，一、二、三子级便是推进系统的成员，就像进行一场接力跑一般，在飞往太空的路途中，前者动力用尽，后者将继续提供推力把卫星送向太空。

制导与控制系统

火箭在飞向目标的过程中，需要导引和控制火箭按选定的导引规律调整飞行路线，完成这项工作所需的全部装置（包括硬件和软件），便是制导与控制系统，它包括制导系统和姿态控制系统两部分。

制导系统由测量装置和制导计算机组成，用来测量火箭相对目标的位置、速度和加速度，按预定规律进行计算处理，形成指令。

姿态控制系统由敏感装置（陀螺仪、加速度计等惯性器件）、信息处理设备（计算机）和执行机构（舵机等）组成。当敏感元件和信息处理设备等装在同一个组合中时，也称为"自动驾驶仪"。

跟踪遥测系统

跟踪遥测系统是采用连续波雷达测速、单脉冲雷达定位的无线电外弹道测量，对火箭的各种参数进行检测，并把检测结果通过信道传送到接收端的测量系统。

自毁系统

自毁系统的自毁功能可不是毁灭火箭的意思，自毁系统的存在是为了保证航区安全，火箭进行一二级飞行时可按指令实时自毁，相较于其他系统，火箭自毁系统是自成一派的独立系统。

除了箭上自毁系统，火箭还可以接收地面指令进而完成自毁。当火箭飞出预定安全轨道且不可纠正时，地面指挥中心将发出安全自毁指令，通过火箭上的四个全向天线进入安全指令接收机，经处理后引爆火箭上的爆炸器，即可完成自毁任务。

中国第一枚完全独立自主研制的空间运载火箭——长征一号运载火箭成功发射

为什么中国首枚运载火箭取名为"长征"？

因为我国航空事业起步晚，征途漫漫，但当时的先驱坚信中国未来的航天事业一定会胜利，就如同当年的两万五千里长征一般，虽路途遥远，但必将取得成功，所以航天人为火箭取名为"长征"。

第2节

长征一号丁

长征一号的"弟弟"——长征一号丁运载火箭

长征一号丁运载火箭（CZ-1D）是一枚装有"变轨级"的三级小型运载火箭，采用"平台—计算机"全惯性制导，可以发射各种低轨道卫星和太阳同步轨道的小型卫星。在20世纪90年代时，长征一号丁运载火箭曾投入商业发射。

作为长征一号的"弟弟"，在"哥哥"的基础上，长征一号丁运载火箭提高了一子级的性能，更换了二三子级的发动机及推进剂，并且将三子级改为既可自旋稳定姿态，又可三轴姿态稳定和惯性制导的可控火箭。

"长征一号"系列运载火箭的运载系数较低，目前已被其他系列的运载火箭取代，该系列火箭已全部退役。

详细参数
全长：31.28米
直径：2.25米
质量：85.42吨
级数：三级
首次发射时间：1995年5月29日

长征一号系列运载火箭的甲、乙、丙三种型号去哪儿了？

从长征一号运载火箭到长征一号丁运载火箭之间，其实还有甲、乙、丙三种子型号。不过，长征一号甲运载火箭仅进行了设计，未生产（可能因当时技术条件所限，氢氧发动机无法达到设计要求）；而当时由于资金的问题，长征一号乙运载火箭也并没有投入生产；至于长征一号丙运载火箭也因种种问题，在1988年取消了研制工程。

第四章 长征二号

在长征系列运载火箭这个大家族中，"长征二号"系列运载火箭是目前我国"人丁"最兴旺的一家，拥有长征二号、长征二号丙、长征二号丁、长征二号E（长二捆）、长征二号F等众多型号。

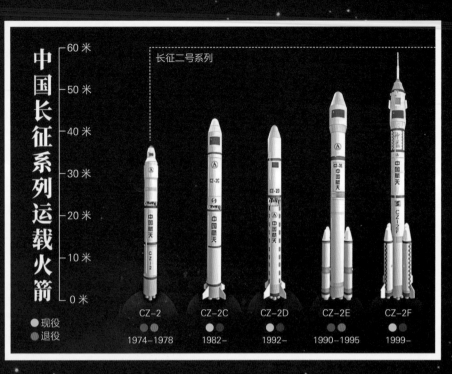

中国"长征"系列运载火箭长征二号系列运载火箭

　　这一分支主要承担近地轨道卫星和太阳同步轨道卫星的发射任务，其中，长征二号F运载火箭是目前我国唯一一型用于载人航天器发射的运载火箭。

长征二号

1.1 长征二号发射的重要意义

长征二号（CZ-2）运载火箭由中国运载火箭技术研究院总研制，是我国第一种大型运载火箭，用于发射低轨道重型卫星。它的成功发射使我国成为世界上第三个掌握航天返回技术和航天遥感技术的国家，这对发展国民经济具有重要意义。

长征二号是中国运载火箭的基础型号，共执行过四次发射任务。以长征二号运载火箭为原型，中国运载火箭技术研究院先后研制出长征二号甲、长征二号丙、长征二号丁、长征二号E、长征二号F运载火箭，这些组成了"长征二号"系列运载火箭。

目前，长征二号运载火箭已退役。

1.2 成功的路途总是坎坷的

成功的路上总是伴随着失败与奋起，对于火箭这种需要耗费大量人力、物力的

我国第一种大型运载火箭：长征二号运载火箭

详细参数
火箭全长：32米
最大直径：3.35米
起飞质量：190.00吨
起飞推力：2748.00千牛
氧化剂+推进剂：四氧化二氮+偏二甲肼
近地轨道运载能力：1.80吨

长征二号运载火箭成功发射

高科技产物，每一个细小部分的要求都无比严苛，哪怕只是一颗小螺丝没有拧紧，都会造成所有科研人员的努力全部付之东流。

长征二号运载火箭的第一次发射就遭遇惨痛的失败。

1974年11月5日，伴随着最后的倒数计数，长征二号运载火箭在期待中点火升空，然而火箭在正常起飞6秒后出现了俯仰摆动，犹如醉汉般失去平衡，而且摆动幅度越来越大。当其飞行到20秒时，火箭姿态失稳，安全自毁系统启动。

最终，长征二号运载火箭和搭载的卫星一起化身无数碎片，坠落在发射场上。

待尘埃落定，所有研究人员面对满地残骸，心痛不已，但他们没有气馁，也不会退缩，只是迅速收拾起悲痛的心情，全身心地投入失败原因的核查工作中去。经过一系列研究分析，研究人员确定，这次失败仅仅是因为一根导线在飞行过程中由于震动而断裂。但是，这根导线正是控制系统中的一根主要信号线，它的断裂造成了火箭在飞行过程中失控，最终自毁。

一根小小的铜丝断裂，让整个火箭研发团队尝到了失败的滋味，也让我国的第一颗返回式卫星的发射遭遇了挫折。

1.3 在哪里跌倒，就在哪里爬起来

长征二号运载火箭发射失败，让整个火箭研发团队压力陡增。

研究人员痛定思痛，重新对卫星和火箭的几十万个零件进行全面测试，并采取有效的安全保障措施，着手进行运载火箭的设计改进。同时，研究人员将原先组装完成的产品全部拆分，返还各生产厂家重新进行严格的质量复查。

1975年7月，经过改进后的长征二号运载火箭开始进行总装。11月24日，试验领导小组负责人联合签署了发射任务书。

1975年11月26日11时30分，搭载着第一颗返回式卫星的长征二号运载火箭在酒泉卫星发射基地的发射场准时点火升空。

这枚新升空的火箭的全称是长征二号甲运载火箭，它是"长征二号"系列运载火箭的一种型号，准确指代的是在1974年长征二号运载火箭首发失败后，对长征二号运载火箭使用的风暴一号火箭第二级的陀螺控制系统做了微小改进后的火箭型号。自1975年首发成功后，长征二号甲运载火箭又成功地执行过两次任务。

长征二号甲运载火箭与长征二号丙运载火箭的复杂关系

按照国际惯例，对火箭发动机做多么微小的改进都需要重新注册型号，如改进后第二级的"YF-22/23"火箭发动机要改称"YF-22A/23A"，火箭的型号也要相应地从"CZ-2"（长征二号）更改为"CZ-2A"（长征二号甲）。

但这个型号名称又与之后的长征二号丙运载火箭（为提供国际运载服务而更名）完全一致，所以常常造成混淆。于是我们用"长征二号"或"长征二号甲"来标示1974年11月5日的发射失败。

第2节

长征二号丙

一型两级常规液体运载火箭：长征二号丙运载火箭

详细参数
全长：40.00米
全重：213.00吨
箭体直径：3.35米
起飞推力：2961.60千牛
整流罩长度：7.81米
推进剂：四氧化二氮+偏二甲肼
首次成功发射时间：1982年9月9日

长征二号丙运载火箭（CZ-2C）是在长征二号运载火箭的基础上进行改进设计，由中国运载火箭技术研究院研制的一型两级常规液体运载火箭，采用四氧化二氮+偏二甲肼作为推进剂，主要用于发射低轨卫星和太阳同步轨道卫星。

1976年，长征二号丙运载火箭启动研制工作，于1982年9月9日首次发射成功。与其他"长征"系列运载火箭相比，长征二号丙运载火箭的可靠性更高，且具有更强的更新能力。在服役的数十年间，长征二号丙运载火箭成功地完成了国家赋予的一系列发射、运载任务，以质量可靠、适应能力强著称，是唯一一型在太原、酒泉、西昌3个发射场都发射过的火箭。

2.1 当之无愧的"金牌火箭"

在"长征"系列运载火箭中，"金牌火箭"有很多型号，长征二号丙运载火箭虽然在众多同系列火箭中体形偏小，却是

长征二号丙运载火箭首次发射成功   长征二号丙运载火箭升空

我国的第一枚"金牌火箭"。

什么是"金牌火箭"呢？

按照国际惯例，一枚火箭发射成功率在95%以上，就可以被称为"金牌火箭"，也就是说，火箭的20次发射中最多只允许有1次失利，这其中的难度可想而知。

而长征二号丙运载火箭在1998年就已经达到了95%的成功率，被当时的中国航天工业总公司授予"优质长征二号丙运载火箭金牌"。

但我们奋发图强的火箭研发队伍对此并不满足，他们以"金牌不等于成功，成功不等于成熟，一次成功不等于每次成功"为座右铭，时时提醒自己不可掉以轻心，要力保每一次的火箭发射都安全、成功。这种高标准、严要求的工作态度，让长征二号丙运载火箭的"金牌"更加灿烂。

2.2 高效多星发射

随着卫星市场的发展，多星组网发射的需求不断提高，我们的"金牌火箭"长征二号丙运载火箭一马当先，承担起了这一艰巨任务！

组网任务一般选择多星发射的方式，因为卫星市场的客户大都更愿意选择通过一次发射，就把一个轨道面的卫星全送上去，效率更高的方式。这样的需求对于火箭发射的运载能力和轨道配置能力提出了更高的要求。于是，型号研制队伍提出让长征二号丙运载火箭与远征上面级组合执行任务。

远征上面级是将有效荷载（如卫星）从某个转移轨道，送入预定工作轨道或预定空间位置的、具有自主独立性的航天运输飞行器。当火箭飞行的高度有限，有时还需要卫星耗费自身燃料攀升到预定轨道时，上面级就会帮忙，将卫星从发射到进入运行轨道的过程大大缩短，且不耗费燃料。

与远征上面级组合之后，同样的太阳同步轨道卫星发射任务，长征二号丙运载火箭的运载能力能够达到2300千克，与不加上面级相比，组合的运载能力翻了一番。另外，远征上面级的在轨时间长达6个小时，可以满足多星发射的轨道配置需求。

如今，随着长征系列运载火箭进入高密度发射阶段，长征二号丙运载火箭已创造了一年执行7次发射任务、无一失败的优异战绩。

长征二号丙运载火箭共有四种系列型号

长征二号丙/SD：根据铱星发射任务的要求，研制方对长征二号丙运载火箭进行了修改，在长征二号丙的二级火箭上增加了上面级，以及采用飞行验证的技术与硬件研制出来的分配器（Smart Dispenser，缩写为SD），火箭随之更名为"长征二号丙/SD（CZ-2C/SD）"。1997年12月8日长征二号丙/SD首次执行国际商业发射任务圆满完成，随后又成功地完成了6次铱星发射任务，将12颗铱星送入预定轨道。

长征二号丙/CTS：长征二号丙/CTS是在长征二号丙运载火箭的基础上增加上面级发展而成的运载火箭。该火箭可用于发射低地球轨道卫星、椭圆地球轨道卫星、太阳同步轨道卫星及地球同步转移轨道卫星等不同类型的卫星。

长征二号丙/SM：长征二号丙/SM是在长征二号丙运载火箭的基础上安装了改进版的固体上面级发展而成的运载火箭，于2003年首次发射成功。

长征二号丙/SMA：长征二号丙/SMA相较于常规的长征二号丙运载火箭，增加了一级固体上面级，以提升运载能力。长征二号丙/SAM在2008年9月6日首次发射成功。

第3节

长征二号丁

3.1 研制背景

随着国际市场对返回式卫星发射的需求越来越高，为了跟上时代的脚步，研制可靠性高、经济性好的常规推进剂运载火箭提上日程。

上海航天技术研究院各厂从长征四号甲运载火箭的研制队伍中抽调人员，配备干部，迅速组建起了长征二号丁运载火箭（CZ–2D）研制队伍，在充分继承长征四号运载火箭技术的基础上，开始了长征二号丁运载火箭的研制。

3.2 长征二号丁的技术改进

为提高运载能力、提升可靠性、增强任务适应性、降低研制成本，研制队伍在研制历程中不断采用先进技术，持续创新，主要开展了如下技术改进：

常规推进剂运载火箭：长征二号丁运载火箭

详细参数
全长：40.61米
全重：251.00吨
箭体直径：3.35米
起飞推力：2961.60千牛
推进剂：四氧化二氮＋偏二甲肼

3.2.1　提高入轨精度

长征二号丁运载火箭具有GNSS组合导航技术,采用卡尔曼滤波和简单重调算法,使火箭的入轨精度得到了显著提高,可满足有高入轨精度需要的客户需求。

3.2.2　提高可靠性

为了提高火箭的可靠性,研发人员通过故障模式影响分析方法,找出火箭的薄弱环节,识别风险等级,通过对可能影响发射成败的关键点进行设计改进和风险控制,确保火箭平安上天。在长征二号丁运载火箭的发射中,火箭的Ⅰ/Ⅱ类关键点由400多个降到46个。其中,对于电气系统的升级尤为关键。火箭的电气系统就好比人的"神经系统",它负责导航、制导、控制等多项功能。随着单机技术的进步,长征二号丁运载火箭的电气系统从最早期的动力调谐陀螺平台实现控制,发展到双八表惯组,再升级到如今的单十表惯组,火箭整体重量在减轻,影响发射成败的关键点在减少,可靠性大大提升!

3.2.3　提高运载能力

长征二号丁01批运载火箭率先用体积小、质量轻、精度高、可靠性高的动力调谐陀螺平台(小平台)代替气浮陀螺稳定平台。长征二号丁02批运载火箭则在

长征二号丁运载火箭成功发射

长征二号丁运载火箭部件

01批运载火箭的基础上进行了一系列的技术改
进，包括加长二级贮箱、采用二级发动机大喷
管、延长二级游机滑行时间、增设二级推进剂
利用系统等。

3.2.4 提高适应性

　　长征二号丁运载火箭采用多种构型卫星整
流罩、增加排放离轨系统、增加姿控发动机系
统、迭代制导、高空风补偿和中继等技术，不断
调整改进，从而不断提高火箭的适应性。为了适
应星座异轨部署需求，长征二号丁运载火箭结合
"远征"三号上面级，以"一箭七星"的方式首
飞，成功实现了2条轨道、7颗卫星的部署。

长征二号丁运载火箭成功发射

第4节

长征二号E（长二捆）

4.1 研制背景

20世纪80年代中期，世界运载火箭和卫星发射的商业市场十分活跃，每年都有大量的卫星在寻求发射服务。随着空间技术的发展，新一代通信卫星的比例大幅升高，占比已达70%；世界航天强国均转向研制更先进、容量更大的新通信卫星，这些卫星重2.5—3.5吨，最大直径达3.7米，远远超出中国长征三号运载火箭1.4吨地球同步转移轨道卫星的运载能力。

为了在国际卫星发射市场占有一席之地，中国的运载火箭必须全面提高运载能力，研制大推力新型火箭便成了研究人员的头等大事。

在众人的期盼下，长征二号E运载火箭（简称"长二捆"，代号CZ–2E）由中国运载火箭技术研究院负责总研制，是我国第一型捆绑式运载火箭。

所谓"长二捆"，就是在长征二号C运载火箭周围捆绑四枚直径为2.25米助推器的火箭，以增大起飞时的火箭推力。

经过18个月的奋战，1990年7月16

1990年7月16日，长征二号E运载火箭准点起飞，并且不负众望地圆满完成

详细参数	
全长：49.70米	
直径：3.35米	
起飞质量：462.00吨	
起飞推力：640.00吨	
近地轨道运载能力：9.20吨	

我国第一型捆绑式运载火箭：长征二号E运载火箭雄姿

日，长征二号E运载火箭准点起飞，并且不负众望地圆满完成。

目前，长征二号E运载火箭已退役。

4.2 技术突破

长征二号E运载火箭首次采用先进的捆绑技术，大大提高了火箭的运载能力，并满足了当时发射重型低轨道卫星的需求。

该火箭由芯级火箭和四个液体火箭助推器组成，芯级第一二级是在长征二号丙运载火箭的基础上分别加长4.6米和5.2米发展而来的，单个捆绑助推器直径2.25米、高15米。整个火箭的起飞质量为462吨，起飞推力为640吨，可以把9.2吨的有效载荷送入200千米高的圆轨道。

长征二号E运载火箭的上端搭配了最大直径为4.2米的整流罩，巨大的体积可以容纳体积较大的卫星或其他有效载荷。如果增加一个固体发动机上面级，则可将2.5吨—4吨的有效载荷送入距地面3.6万千米高的地球同步转移轨道。如果在芯级火箭第二级上安装一个变轨上面级–ETS，那么，长征二号E运载火箭可以承担中轨道多星发射任务。

长征二号E运载火箭在技术厂房

4.3　价值意义

　　长征二号E运载火箭是为了适应国际卫星发射市场的需求和中国航天事业发展的需要而研制的。在当时，它是中国火箭家族中运载能力最大的火箭，拥有运载能力大、适应性强等优点，适用于发射多种卫星及空间飞行器，且入轨偏差和入轨姿态偏差都很小，可实现精确入轨，以满足各类卫星的发射精度要求。它的成功研制，使中国首次突破助推火箭的捆绑技术、首次研制成功推进剂利用系统和大型发射台等36项关键技术，对中国运载火箭进入国际市场起到了重要的推动作用。

　　长征二号E运载火箭在役期间，创造了中国航天史上的很多个传奇，也让国际航天界见识到了中国火箭的实力。虽然，中国更大推力的"长征三号甲"系列运载火箭已经成为中国对外商业发射服务的主力，但是长征二号E运载火箭在中国航天史上的地位永远不可撼动。

　　长征二号E运载火箭对捆绑技术的尝试，为后来中国载人航天火箭——长征二号F运载火箭的研制奠定了坚实的基础。

　　在长征二号E运载火箭在役期间，总共进行了7次发射，成功5次，失败2次，于1996年退役。

第5节

长征二号F

5.1 "太空专车"

  长征二号F运载火箭（CZ-2F）可以说是长征二号E捆绑式运载火箭的升级版，不仅提高了火箭的可靠性，更确保了火箭的安全性。

  在我们眼中，长征二号F运载火箭（简称"长二F"），可谓一枚"明星"火箭，不仅能向太空"运货"，而且能"送人"，所以它还有一个更广为人知的美称——"神箭"。

  发射载人航天器，确保航天员的生命安全是第一位的。作为航天员的"太空专车"，运载火箭也必须飞得更稳定、更精准、更安全。

  每一次发射"神舟"系列载人航天飞船前，长征二号F运载火箭都要进行技术状态更改，其中一半以上的项目都与提升火箭的可靠性、安全性有关。

  当长征二号F运载火箭用于发射载人航天飞行器时，逃逸系统是它独有的配置。在长征二号F运载火箭顶部设有逃逸塔，当火箭发生故障时，它可以强制箭船分离，并拽着载有航天员的轨道舱和返回舱返回地面，降落在安全地带，保证航天员的生命安全。

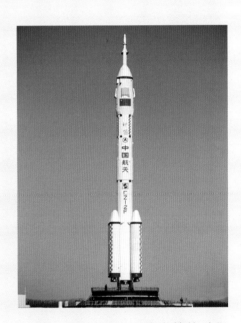

长征二号E捆绑式运载火箭的升级版：长征二号F运载火箭

详细参数
全长：52米（发射天宫型）/58.34米（发射神舟飞船）
全重：493.00吨/497.00吨
低地轨道载荷：8600.00千克/8130.00千克
起飞推力：604.38吨
整流罩直径：4.20米/3.80米
推进剂：四氧化二氮+偏二甲肼

长征二号F运载火箭升空

据航天专家介绍，在发射神舟十一号载人航天飞船时，这套用于航天员逃生的系统，实现了一次安全性的新跃升。

中国航天科技集团第一研究院长征二号F运载火箭的总设计师容易介绍说，在原来的整流罩故障模式中，整流罩横向和纵向都未分离，逃逸系统才可启动，但在安全性能升级后，即便整流罩横向分离已成功，纵向未分离，逃逸系统也会启动，第一时间确保航天员的安全。

虽然这种情况发生的可能性微乎其微，但为保万全，容易带领的火箭设计师团队还是将它列为重要改进项目，重点攻克并取得了重大成果，如

长征二号F运载火箭逃逸系统

长征二号F运载火箭，简称"长二F"，还有一个更广为人知的美称——"神箭"

长征二号F运载火箭

今的火箭逃逸系统比从前更加安全可靠，已成为我国载人航天事业发展的有力保障之一。

为提升"太空专车"的可靠性，研制人员对任何可能存在潜在隐患的环节都格外敏感，甚至是"吹毛求疵"，比如对易接错的插头从设计上加以改进，让实际操作人员想插错都难……

追求极致，尽善尽美，一直是长征二号F运载火箭设计师们秉承的原则，"哪怕能提升一点点可靠性，我们都会付出百分之百的努力。"

从1992年立项研制至今，载人航天工程走过了30个年头。其间执行任务的"神箭"连战连捷，真可谓实至名归、名副其实。

长征二号F运载火箭发射信息统计表：执行任务的"神箭"连战连捷

发射日期	运载火箭	发射卫星	发射基地	发射次数	结果
1999年11月20日	长征二号F	神舟一号飞船	酒泉	第52次	成功
2001年1月10日	长征二号F	神舟二号飞船	酒泉	第57次	成功
2002年3月25日	长征二号F	神舟三号飞船	酒泉	第58次	成功
2002年12月30日	长征二号F	神舟四号飞船	酒泉	第59次	成功
2003年10月15日	长征二号F	神舟五号飞船	酒泉	第61次	成功
2005年10月12日	长征二号F	神舟六号飞船	酒泉	第71次	成功
2008年9月25日	长征二号F	神舟七号飞船	酒泉	第86次	成功
2011年11月1日	长征二号F	神舟八号飞船	酒泉	第112次	成功
2012年6月16日	长征二号F	神舟九号飞船	酒泉	第121次	成功
2013年6月11日	长征二号F	神舟十号飞船	酒泉	第129次	成功
2016年9月15日	长征二号F	天宫二号	酒泉	第156次	成功
2016年10月17日	长征二号F	神舟十一号飞船	酒泉	第157次	成功
2020年9月4日	长征二号F	可重复使用试验航天器	酒泉	第223次	成功
2021年6月17日	长征二号F	神舟十二号飞船	酒泉	第239次	成功
2021年10月16日	长征二号F	神舟十三号飞船	酒泉	第249次	成功
2022年6月4日	长征二号F	神舟十四号飞船	酒泉	第265次	成功
2022年8月5日	长征二号F	可重复使用飞行器	酒泉	第269次	成功

未来，它将载着我们更多的航天员飞向太空，探索空间的奥秘，拉近天地之间的距离，让航天梦不再遥远，让中国梦更加绚烂！

5.2　长征二号F家族

作为目前唯一一个能够送航天员去往太空的专车，长征二号F运载火箭自然经历过数次改进，形成了鼎鼎大名的"长二F"家族。

长征二号F运载火箭共有长征二号F基本型、长征二号F改进型G型和T1型三种主要型号。

长征二号F基本型

长征二号F基本型运载火箭，简称"长二F型火箭（CZ-2F）"，或称"原型"，顶端安装逃逸塔，用于执行发射神舟飞船的载人任务。最初成功发射神舟一号至神舟七号飞船的就是"长二F"基本型火箭。不过，2008年9月25日是最后一次使用基本型火箭发射，目前该型号已经停产。

长征二号F/G

长征二号F改进型载人飞船运载火箭，简称"长二F改Y型火箭（CZ-2F/G）"，顶端安装逃逸塔，用于替代基本型执行发射神舟飞船载人任务。与基本型相比，"长二F改Y型火箭"有170多项改进和190多项技术状态的变化。

从神舟八号发射任务起，长征二号F基本型运载火箭就不再执行任务，后续任务都是由长征二号F改进型载人飞船运载火箭来执行的。

长征二号F/T1

长征二号F改进型目标飞行器运载火箭，简称"长二F改T型火箭（CZ-2F/T1）"，顶端不设逃逸塔，整流罩顶部改为冯·卡门曲线，用于执行发射不载人航天飞船和空间站任务，如天宫一号的发射任务。该火箭整流罩首用"冯·卡门曲线"，一是能够减小空气阻力和脉动压力；二是减轻了箭体结构的载荷影响，同时对整流罩的载荷设计也有好处。

长征二号运载火箭是在长征一号运载火箭飞行成功之后，中国运载火箭技术研究院继续研制的第二个二级液体运载火箭，在技术和性能上已经有了大幅提高，而后又为了适应卫星发射要求和载人航天飞行器的发射要求，经过多次改进形成了庞大体系，为我国航天事业做出了卓著贡献。

第1节

长征三号

1984年4月，长征三号运载火箭首飞成功，将东方红二号试验通信卫星送入预定轨道

长征三号运载火箭（CZ-3）是以长征二号丙运载火箭为基础，加氢氧第三级组成的三级液体运载火箭，主要用于发射地球同步轨道有效载荷。

长征三号运载火箭于1984年4月首次飞行成功，并将东方红二号试验通信卫星送入预定轨道。1990年4月，它首次执行外星发射服务合同，成功发射了亚洲一号卫星。此后，长征三号运载火箭接连成功发射了包括亚太一号卫星、亚太一号甲卫星、风云二号卫星等多颗国内外卫星。

详细参数
火箭全长：43.25米
一二级直径：3.35米（常规推进剂）
三级直径：2.25米（液氢液氧低温高能推进剂）
起飞质量：204.00吨
起飞推力：2961.00千牛
地球同步转移轨道运载能力：1.45吨

目前，该火箭已退役。

长征三号运载火箭首次采用液氢和液氧作为第三级火箭推进剂，首次实现火箭的多次启动，首次将有效载荷送入地球同步转移轨道，是中国火箭发展史上的一座重要里程碑。长征三号运载火箭的研制成功也使中国成为世界上第四个具有地球同步卫星发射能力的国家。

长征三号运载火箭研制成功：中国成为世界上第四个具有地球同步卫星发射能力的国家

第2节

"长征三号甲"系列

　　"长征三号甲"系列运载火箭包括长征三号甲、长征三号乙、长征三号丙三种型号。它们三个合称为"长征三号甲"系列运载火箭,主要是因为长征三号乙、丙两型运载火箭,均是以长征三号甲运载火箭为芯级,在它的一子级上捆绑了不同数量的助推器而形成的。

　　"长征三号甲"系列运载火箭承担了我国的航天高轨道发射任务,火箭的技术性能、发射频率、年发射量及高达98%的发射成功率都处于世界领先水平。该系列火箭与嫦娥工程、"太空摆渡车"、北斗卫星、风云卫星等中国航天大事件紧密相连。

　　目前,由长征三号甲、长征三号乙、长征三号丙火箭组成的"长征三号甲"系列运载火箭是我国高密度发射火箭的主力军。

2.1　长征三号甲

　　长征三号甲运载火箭(CZ-3A)是一种大型三级低温液体运载火箭,其各方面的技术性能比长征三号运载火箭都有较大幅度的提高。

　　长征三号甲运载火箭长52.52米,一二子级直径3.35米,三子级直径3.0米,起飞重量约243吨,主要用于发射地球同步轨道卫星,运载能力可以达到2.6吨。

　　长征三号甲运载火箭的一二级与长征三号运载火箭的一二级相同,三级则是新研制的大推力液氢/液氧发动机,推力比长征三号运载火箭大了两倍还多。

大型三级低温液体运载火箭:长征三号甲运载火箭

高轨道、大推力运载火箭：长征三号乙
运载火箭

长征三号丙运载火箭

长征三号丙运载火箭于2008年4月25
日首飞成功

长征三号甲运载火箭主要承担了风云气
象卫星、北斗导航卫星和嫦娥一号月球探测
器的发射任务，自1994年2月8日首次发射
成功以来，至今发射成功率仍保持在100%。

2.2 长征三号乙

长征三号乙运载火箭（CZ-3B）是一枚
高轨道、大推力的运载火箭，它是以长征三
号甲运载火箭为芯级，在一子级上捆绑了四
枚助推器，主要用于发射地球同步转移轨道
卫星，也可以用来完成一箭多星或其他轨道
卫星的发射任务。

长征三号乙运载火箭长56.33米，起飞
质量426吨，起飞推力5923千牛，地球同
步转移轨道运载能力可达到5.2吨。

长征三号乙运载火箭是我国用于商业卫星
发射服务的主力火箭，主要承担了委星1号、巴
星1R、尼星1R、W3C、亚太七号、中星十一号、
中星十二号、玻利维亚星等国际、国内通信卫
星和嫦娥三号月球探测器的发射任务。

2.3 长征三号丙

长征三号丙运载火箭（CZ-3C）是在长
征三号乙运载火箭的基础上，减少了两枚助
推器而形成的，主要用于发射地球同步转移
轨道卫星。

长征三号丙运载火箭长56.5米，芯一二
级直径3.35米，芯三级直径3.0米，单个助
推直径2.25米，起飞重量约345吨，地球同
步转移轨道运载能力可达到3.8吨。

长征三号丙运载火箭于2008年4月25日首
飞成功，近年来主要承担了天链一号卫星、北
斗导航卫星和嫦娥二号月球探测器等发射任务。

第1节

风暴一号

风暴一号火箭（FB-1）是在长征二号运载火箭的基础上改进而成的两级液体运载火箭，主要用于地球低轨道卫星的发射。它是我国首个成功完成"一箭三星"发射任务的运载火箭，使我国成为世界上第三个掌握"一箭多星"发射技术的国家。

作为长征四号运载火箭（CZ-4）的研发基础，风暴一号的研发可谓命运多舛。

1972年8月10日，风暴一号火箭首次发射并获得基本成功，验证了火箭总体设计方案是基本正确的，为正式发射卫星打下了扎实的基础。然而，此后的飞行试验与发射成功率一直不高。虽然风暴一号火箭在1981年9月20日成功完成"一箭三星"的发射任务，却没能让自己的路走得更远。

我国首个成功完成"一箭三星"发射
任务的运载火箭——风暴一号

详细参数
全长：32.57米
直径：3.35米
起飞质量：192.70吨
起飞推力：280.00吨
推进剂：四氧化二氮＋偏二甲肼

1972年8月10日，风暴一号火箭首次发射并获得基本成功

    风暴一号火箭发射成绩不佳，研发人员却并未因此一蹶不振，他们积极响应上级指示，将风暴一号火箭研发过程中积累的宝贵经验倾注在长征四号身上，这是一型用于发射地球同步轨道卫星的三级常规液体运载火箭。可是，以风暴一号火箭为基础预先制定的长征四号运载火箭发射方案，最终因为种种原因中止了。

    阳光总在风雨后，风暴一号火箭的停止研制并未阻碍我国航天事业在火箭发射领域前进的脚步，"一箭三星"的成功经验对后续火箭的研发具有重要指导意义，更是融入并延续到了重启发射计划的长征四号运载火箭中，为它日后夺得"金牌"荣誉奠定了坚实的基础！

第2节

长征四号甲

2.1 设计特色

从总体上说，长征四号甲运载火箭（CZ-4A）脱胎于长征三号运载火箭，在长征三号一二级的基础上进行了改进，并新研制了第三级。

比起长征三号，长征四号运载火箭的一级火箭推进剂贮箱加长了4米，增加了40吨的推进剂，一级火箭4台发动机的地面总推力由2746千牛增大到2942千牛。

除了有效继承长征三号运载火箭的成熟技术，在新研制的第三级上，长征四号运载火箭还采用了不少先进的技术措施。

数字式姿态控制系统

数字式姿态控制系统是以数字式网络、数字式调零方案和双向摇摆伺服机构等新技术组成的整套装备。数字式网络精度高、抗干扰能力强、应变性能好。与机电式调零装置相比，数字式调零方案的调零精度提高了一倍，可大大提升火箭起飞的可靠性。双向摇摆伺服机构用于我国自主研发的高性能常温推进剂上面级发动机，可以

长征四号甲运载火箭

详细参数
火箭全长：41.90米
起飞质量：248.90吨
箭体直径：3.35米
起飞推力：2942.00千牛
主推进剂：四氧化二氮+偏二甲肼

用一个液压能源带动两个作动器，使重量功率比达到当时的世界先进水平。

高强度铝单层薄壁共底结构

　　三级火箭推进剂贮箱采用高强度铝单层薄壁共底结构，前箱为燃料箱，后箱为氧化剂箱，共底凸面朝向燃料箱。姿态控制发动机系统采用表面张力贮箱，使用无水肼为推进剂，用于发动机关机后的入轨速度修正和滑行时的姿态控制。它的特点是与各种推进剂的相容性好，可长期、重复使用。

2.2　高可靠性

　　长征四号甲运载火箭及其分系统都有明确的可靠性指标规定，火箭各

长征四号甲火箭在技术厂房

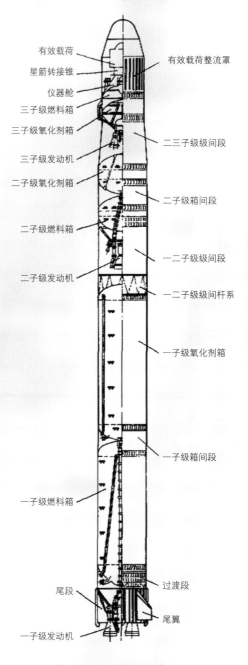

长征四号甲结构示意图

有效载荷
星箭转接锥
仪器舱
三子级燃料箱
三子级氧化剂箱
三子级发动机
二子级氧化剂箱
二子级燃料箱
二子级发动机

有效载荷整流罩
二三子级级间段
二子级箱间段
一二子级级间段
一二子级级间杆系
一子级氧化剂箱
一子级箱间段
一子级燃料箱
过渡段
尾翼
尾段
一子级发动机

长征四号甲火箭成功发射

级之所以采用常温推进剂，正是因为充分考虑了该系列运载火箭的技术成熟、可靠性较高的优点。

在分系统中，根据可靠性要求，长征四号甲运载火箭的控制系统采用了先进的数字控制技术，应用了安全可靠的双向伺服机构；动力系统研制了比冲高、质量轻，具有较高可靠性的上面级发动机，应用了发动机在失重条件下可靠点火、多次启动的技术；遥测系统采用脉冲编码幅度调制；外测系统研制了小型化的箭上连续波应答机等。

研发团队按照可靠性要求制定的分系统方案和一些相关技术的突破，保证了长征四号甲运载火箭系统的高可靠性。

1988年9月7日，长征四号甲运载火箭首战告捷，从太原卫星中心成功将风云一号气象卫星送入预定轨道

2.3 发射意义

在中国长征系列运载火箭中，"长征四号"系列运载火箭是用于发射太阳同步轨道和极地轨道各种应用卫星的主要运载工具。前后历经十年光阴，几经挫折，1988年9月7日，长征四号甲运载火箭首战告捷，从太原卫星发射中心发射升空，成功将风云一号气象卫星送入预定的太阳同步轨道，开创了中国大型运载火箭首飞一次成功的新纪录；同时使我国成为世界上第三个能够独立发射太阳同步轨道卫星的国家。长征四号甲运载火箭一级火箭YF-21B发动机，是当时我国推力最大的液体火箭发动机。

第3节

长征四号乙

长征四号乙运载火箭（CZ-4B）是在长征四号甲运载火箭技术基础上研制的，它是运载能力更大的三级常温液体运载火箭，主要用于发射太阳同步轨道对地观察应用卫星，具有可靠性高和适应强的特点。

1999年5月10日，长征四号乙运载火箭在太原卫星发射中心首发成功，将风云一号C和实践五号卫星送入预定轨道。这次发射任务的圆满完成，与"国庆50周年""澳门回归"并称为我国20世纪最后一年的三件大事，并镌刻于中华世纪坛上。

长征四号乙运载火箭的主要技术改进包括：

整流罩

为了适应不同卫星的发射需求，长征四号乙运载火箭新装备了三种直径的旋转分离整流罩，其中包括一种内径3米的大直径卫星整流罩；为了适应卫星的对接尺寸，还调整了三子级仪器舱的高度。此外，为了应对"高空风"，长征四号乙运载火箭配置了特殊整流罩，采用高空风被动减载技术，减小高空风引起的附加载荷，增强了火箭对风场的适应能力。

长征四号乙火箭停泊在太原卫星发射中心

详细参数

火箭全长：45.60米

起飞质量：250.00吨

箭体直径：3.35米

起飞推力：2961.60千牛

主推进剂：四氧化二氮＋偏二甲肼

太阳同步轨道运载能力：2.20吨

长征四号乙运载火箭成功发射

系统升级

　　长征四号乙运载火箭更新了多项技术系统，包括动力系统、控制系统、遥测系统、外测安全系统，同时对系统仪器和电缆网实施小型化与轻量化改进，减小质量、提高火箭荷载能力、方便操作；采用远距离一体化测试发射系统，将测发流程从当时的25天缩短至18天。另外，研发人员将控制系统所用的程序配电器由机电式改为电子式，有效提高了发送时序指令的时间精度。跟踪测量、安全自毁等系统也有相应改进。

格栅舵

　　长征四号乙运载火箭后期改进时加装了"栅格舵"。这是一种高效的新型气动稳定和控制舵面，具有较好的升力特性。它紧贴火箭箭体折叠安装，等到使用时再展开，不影响火箭的主任务飞行，可以大幅改善坠落区域的环境安全，为后续垂直起降、重复使用运载火箭的研制开辟了新的道路。

　　由于采用精准落区控制技术，格栅舵选用偏航机动的方法，优化了火箭各级飞行段方向，使长征四号乙运载火箭的落区安全性大幅提高，子级落区范围缩小了85%以上。

长征四号乙运载火箭

第4节

长征四号丙

长征四号丙运载火箭（CZ-4C）是常温液体三级运载火箭，它在长征四号乙运载火箭的基础上，增加了末级发动机二次启动能力，改进了大量技术状态设计。长征四号丙运载火箭可以满足多种卫星在发射轨道、重量和空间布局等方面的更高要求，全面提高了火箭对任务的适应性；同时，采取新的测试、发射与控制模式，显著提高了火箭测试和发射的可靠性，缩短了发射场的工作周期。

2006年4月27日，长征四号丙运载火箭在太原卫星发射中心首次发射成功，将我国的第一颗遥感卫星精准送入预定轨道，实现了首发火箭发射场测试零故障！

长征四号丙运载火箭

详细参数
全长：47.97米
全重：249.00吨
一二级直径：3.35米
三级直径：2.90米
起飞推力：2961.00千牛
主推进剂：四氧化二氮＋偏二甲肼
太阳同步轨道运载能力：2.80吨

4.1　主要技术改进

末级发动机二次起动技术

末级发动机采用高空二次点火技术，可以大幅提高火箭性能，节省用于改变速度和方向所消耗的推进剂，从而提高火箭

2006年4月27日，长征四号丙运载火箭在太原卫星发射中心首次发射成功，将我国第一颗遥感卫星精准送入预定轨道

运载能力。长征四号丙运载火箭二次起动YF-40A发动机的研制成功，是我国航天领域在多次起动发动机技术方面的一项重大突破，填补了我国在这个领域的空白，同时达到了世界同等水平。

研发微重力浅箱推进剂

　　有效实施推进剂管理，进行可靠供液是实现末级发动机二次点火的必要前提，是一大技术难点。而浅箱推进剂管理更是难上加难，当时，国内外各种运载火箭都没有成功的先例。长征四号丙运载火箭研发团队充分利用国内现有的试验条件，成功突破了这一难关，最终建立了一套完善、稳妥的管理系统，顺利实现了末级发动机的二次点火。

一体化测试发射控制技术

　　长征四号丙运载火箭研发团队勇于创新、敢于打破常规，研制出了新的一体化测试发射控制系统，实现了对火箭一体化、远距离测试的发射；同时，汇集测试过程中的有线、无线遥测数据，进行实时全程自动判读、比对和显示。

长征四号丙运载火箭一体化测试发射控制技术

长征四号丙运载火箭在太原卫星发射中心成功发射

一体化测试发射控制系统的研制成功，创造了全新的靶场火箭测试发射指挥模式，实现了运载火箭测试发射控制的实时化、数字化、网络化、信息化，标志着我国运载火箭测试发射技术的飞跃。值得骄傲的是，这个复杂系统的软、硬件全部由我国自行开发，拥有完全的自主知识产权，为我国新一代运载火箭的地面一体化测试发射控制技术打下了坚实的技术基础。

4.2　未来应用优势

发射成本低

相比长征四号乙运载火箭，长征四号丙运载火箭的运载能力得以大幅提升，尤其是高轨道运载能力更是成倍增长。除此之外，长征四号丙运载火箭还可以根据各类卫星的技术要求，通过末级发动机工作方式、卫星整流罩和搭载舱等的搭配选择，确定不同的发射状态，满足不同卫星的发射需求，从而降低火箭研制和卫星发射成本。

应用范围广

长征四号丙运载火箭进一步拓展了火箭的应用空间，提高了较高轨道的卫星发射能力。同时，它还提升了一箭多星发射能力，为同轨多颗卫星的发射创造了有利条件，是未来卫星星座发展的优选运载工具。

新技术推广

长征四号丙运载火箭的末级发动机二次启动技术与推进剂管理技术，可供其他同类发动机借鉴；一体化测试发射控制系统和卫星整流罩可与长征四号乙运载火箭通用。这不仅可以提高火箭发射服务的性价比，还有利于我国航天技术的快速发展。

第七章 长征五号

2016年11月3日，我国最大推力新一代运载火箭长征五号首飞成功，这不仅标志着我国运载火箭顺利实现升级换代，也是我国由航天大国迈向航天强国的关键一步。它的首飞成功使我国运载火箭低轨和高轨的运载能力均跃至世界第二。

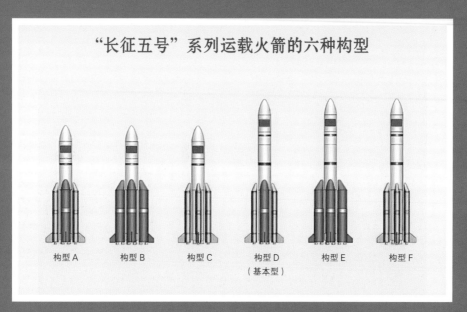

"长征五号"系列运载火箭的六种构型图

"长征五号"系列运载火箭不同构型实拍图

长征五号

长征五号运载火箭（CZ-5）是由中国运载火箭技术研究院抓总研制的新一代大型运载火箭，其完全采用无毒、无污染推进剂，是我国目前研制的规模和技术跨度最大的航天运输系统工程。

长征五号运载火箭全箭总长56.97米，芯一二级直径5.0米，单个助推器直径3.35米，火箭起飞质量约为869吨，具备近地轨道25吨、地球同步转移轨道14吨的运载能力，且与国际上主流火箭的运载能力相当。它的研制成功大幅提升了我国自主进入空间的能力，是我国由航天大国迈向航天强国的重要支撑和显著标志之一。

2016年11月3日，长征五号运载火箭首飞的任务圆满完成。未来，它将完成近地轨道卫

新一代大型运载火箭：长征五号运载火箭

详细参数
全长：56.97米
全重：869.00吨
箭体直径：5.00米
起飞推力：10524.00千牛
主推进剂：液氧+液氢

长征五号运载火箭首飞的任务圆满完成

组图：不同角度下的长征五号运载火箭

星、地球同步转移轨道卫星、太阳同步轨道卫星、空间站、月球探测器和火星探测器等各类航天器的发射任务。

1.1 最复杂，十年"磨"一箭

长征五号运载火箭早在2006年就立项开始研制了，因为难度和挑战都较之前更大，所以，研制团队倾注了十年心血来打磨这把利剑。

长征五号运载火箭作为一枚全新研制的火箭，它的提升是跨越式的，火箭箭体从直径3.35米直接跨越到5米，直径大幅增加，给设计、制造、实验等方面的研制工作都带来了一系列比较大的技术难度；它的核心技术具有完全的自主知识产权，其复杂程度超过以往任何一个型号的"长征"系列运载火箭，以往的"长征"系列运载火箭使用零部件最多几万个，而长征五号运载火箭所使用的零部件达到了十几万个。它的设计量和制造量，是以往"长征"系列运载火箭的3.5倍以上。

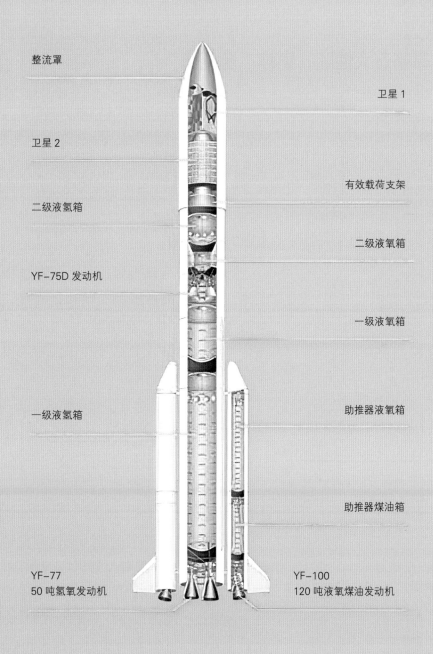

整流罩

卫星 1

卫星 2

有效载荷支架

二级液氢箱

二级液氧箱

YF-75D 发动机

一级液氧箱

一级液氢箱

助推器液氧箱

助推器煤油箱

YF-77
50 吨氢氧发动机

YF-100
120 吨液氧煤油发动机

长征五号运载火箭结构示意图

长征五号运载火箭全箭采用了200多项核心关键新技术，新技术比例达到92.5%，而国际上研制的新型火箭，以及卫星和飞船，采用新技术的比例一般不超过30%。

1.2　具备五大性能，堪称"全能王"

　　在研制之初，研制团队就为长征五号运载火箭设定了五大性能目标——高可靠、低成本、无毒无污染、适应性强、安全性好。这五大性能，让长征五号运载火箭成为当之无愧的"全能王"。

1.2.1　高可靠

　　长征五号运载火箭的设计可靠性指标高达0.98，是国际同类运载火箭中最高的，其关键系统、重要单机，都采用了"三冗余"设计。也就是说，即便在同类单机中，有一台产品出现问题，也不会影响火箭的正常飞行。

　　此外，对长征五号运载火箭的大推力产生至关影响的火箭"心脏"——发动机，在长征五号首飞前，经过了数万秒的试车，可谓"千锤百炼"。

1.2.2　低成本

　　降低成本是提高运载火箭国际竞争力的重要措施。长征五号运载火箭是按照产品化思路进行研制的，火箭芯级、助推器、上面级、整流罩等大部段均为模块化设计，并通过不同组合形成运载火箭系列，从而节省研制经费和发射成本。

　　在设计方法上，长征五号运载火箭是一枚"数字"火箭，数字化设计手段不但提高了研制效率，而且用数字仿真代替原来的实物模装，有效降低了研制成本。

此外，长征五号运载火箭通过地面自动化远程测试、自动加注等手段，还能缩短测试发射周期、减少发射场测试操作人员，这也在一定程度上降低了发射费用。

1.2.3　无毒无污染

如今，无毒环保已成为国际上运载火箭的发展趋势。长征五号运载火箭主动力采用液氢、液氧、煤油等无毒、无污染的推进剂，既减小了对相关工作人员的危害，又符合国际运载火箭技术的发展趋势。

长征五号运载火箭

1.2.4　适应性强

长征五号运载火箭具备执行发射太阳同步卫星、地球同步卫星、月球探测器、深空探测器等各种任务的能力，在近地轨道25吨级、地球同步转移轨道14吨级的轨道之间，都可以满足发射要求。

与现役长征系列运载火箭不同的是，即便已加注液氧燃料，长征五号运载火箭仍具备停放24小时后，在发射窗口2—3小时内实施发射的能力，所以说，它的发射适应性比其他火箭更强。

1.2.5　安全性高

在执行长征五号运载火箭发射任务的过程中，为火箭供电、供气、供液的"脐带"首次实现了全方位零秒脱落，也就是直到火箭起飞的时刻，它才与箭体断开联系。

"脐带"脱落后，火箭必须尽快发射出去，而零秒脱落技术的实现，可以大大提高火箭发射前的安全性。

熟悉火箭的读者都知道，在火箭发射前，有一个非常关键同时也很危险的节点，那就是燃料加注。而在长征五号运载火箭的发射过程中，还首次实现了燃料现场"无人加注"的功能，极大地提高了火箭和人员的操作安全性。

1.3 "冰箭"

与其他型号的长征系列运载火箭相比，长征五号运载火箭个头大、力气大，所以大家都叫它"大火箭""胖五"。其实，长征五号运载火箭也可以被称为"冰箭"，这是因为长征五号运载火箭的"肚子"里装的是满满的深低温（一般指低于−153.15摄氏度的温度）燃料。

长征五号运载火箭使用的是液氢、液氧推进剂，其中液氢的温度低至−253摄氏度，液氧的温度则可低至−183摄氏度，这几乎已经达到了燃料温度的极限。

长征五号运载火箭有20层楼那么高，重达869吨，当这个庞然大物90%以上的重量都是液氢、液氧燃料时，它可不就是一型名副其实的"冰箭"嘛！

设计师们为什么要把长征五号运载火箭打造成"冰箭"呢？

一是为了绿色环保，现役"长征"系列运载火箭采用的多是偏二甲肼和四氧化二氮推进剂，有剧毒，而液氢、液氧燃烧后产生的是水，无毒无污染，对环境十分友好；二是因为液氢、液氧燃烧产生的运载能力堪称巨大，可以有效实现低成本发射的目标。

1.4 长征五号身上的标志

作为一枚具有划时代意义的火箭，长征五号运载火箭不仅在技术上超越"前辈"，还引领着我国火箭文化的潮流。

长征五号运载火箭"长征工程"旗帜

长征五号运载火箭"腰间"涂装标志特写

2016年11月3日，长征五号运载火箭身披时尚大气的涂装腾空而起，不仅让人倍感震撼，更令人赏心悦目。尤其是长征五号运载火箭"腰间"那个动感十足的标志，可谓一大亮点。

你知道这个标志有什么寓意吗？

"长征五号"系列运载火箭标志方案的概念创意源自中国传统文化中的太极图案，方案的构型虚实结合、互为映衬，整体展现出一个动感十足的"5"的形象——象征着长征五号运载火箭寻求包括性能、可靠性、经济性和安全环保等多重因素的综合优化；同时，它的圆形轮廓象征着它和太空的关系，包含着祝福"长征五号"系列运载火箭顺利完成任务的寓意。

1.5 长征五号助推器的"头"竟然是斜的

当大家看到长征五号运载火箭时，除了惊叹它的外形巨大，或许还会发现一处与我国其他"长征"系列运载火箭不同的地方——四个助推器的"头部"（前端壳）是斜的，像四个小朋友歪着头，依偎着妈妈。为什么要这样设计呢？

原来，这种助推器的"头部"叫作"斜头锥"，之所以采用倾斜的设计，是为了让助推器能够捆绑在芯一级的箱间段上，从而有效降低火箭的重量。

在长征五号诞生之前，我国的捆绑式火箭均采用"后支点传力"，也就是助推器带来的推力从火箭芯级的底部

组图：长征五号运载火箭助推器设计

传递，助推火箭加速。但是，它们每个助推器的推力只有70多吨，而长征五号运载火箭的每个助推器的推力高达240吨，四个助推器可产生约960吨推力。要实现这么大的推力，如果再从火箭芯级的底部传递，就必须把底部结构设计得更牢固，但这样做会导致火箭"超重"。

于是，长征五号运载火箭的设计师们决定采用"前支点传力"，让助推器强大的推力从火箭芯一级的"腰部"，即液氢贮箱与液氧贮箱间的箱间段向上传递。这样一来，火箭芯级与助推器之间的关系就由"挑担子"变成了"抬轿子"，大大降低了火箭的总重量。

不过，长征五号运载火箭的"大体格"也给"前支点传力"技术的实现带来了一定的难度。在此前的捆绑式火箭上，芯一级燃料贮箱的长度与助推器两个贮箱的长度相当，上下捆绑"一拍即合"。但是长征五号运载火箭芯一级燃料贮箱的长度超过了助推器两个贮箱的长度，如果采用传统的"正头锥"构型，其上方的捆绑装置就难以"高攀"芯一级的箱间段了。如果捆绑在贮箱上，"皮薄馅大"的贮箱根本受不了；如果加长助推器，那又会使火箭"不堪重负"。

面对这些困境，设计人员迎难而上，大胆且富有创造性地把助推器"头部"的"制高点"由中间移向靠近芯级的侧边，这样就完美地解决了助推器不够高的问题。除此之外，"斜头锥"还能减少部分空气阻力，真是一举多得。当然，要采用"斜头锥"的构型，设计人员还要对助推器的"头部"和芯一级的"腰板"进行加固。在关键部位做足功夫后，长征五号运载火箭才能在四枚助推器的助力下一飞冲天。

1.6　长征五号那些有趣的外号

除了我们之前提到的昵称"冰箭"，长征五号运载火箭还有很多其他昵称，比如"大火箭""大白""大力士"等。

长征五号运载火箭从外形来看，"腰围"粗、"体格"大，"身高"同样令人震惊——长征五号运载火箭高近60米，有将近20层楼那么高，这样的"大体格"让它可以容纳更多的推进剂，从而有着更强劲的动力，所以它被大家爱称为"胖五""大火箭"。

由于液氢燃料产生的推力巨大，长征五号运载火箭可以"举"起的重量是之前最大运载能力的2.5倍，因此，长征五号运载火箭也被称为"大力士"。

就像小孩子爱美一样，火箭也需要打"粉底"使自己看起来美美的。我国长征系列运载火箭的"底妆"都是白色的，长征五号运载火箭也不例外。

与其他型的长征系列运载火箭比起来，长征五号运载火箭的"底妆"更白、更均匀。火箭设计师考虑到海南地区高温、高湿的气候特点，专为长征五号研制、使用了一种特制的"三防"漆，在保证防潮、防霉菌、防盐雾的同时，与贮箱外表面的颜色保持一致，避免了"肤色不均"。

长征五号运载火箭纯白的底色加上胖嘟嘟的体形，很难不让人联想起《超能陆战队》里的"大白"，因此长征五号又多了一个可爱的昵称——"大白"。

长征五号运载火箭的白色涂装

中国近地轨道运载能力最大的新一代运载火箭：长征五号B运载火箭发射成功

详细参数
全长：53.70米
全重：849.00吨
箭体直径：5.00米
首飞时间：2020年5月5日

中国空间站"长征五号B运载火箭首次飞行任务"标志

长征五号B

空间站舱段运输专列

长征五号B运载火箭（CZ-5B）是专门为中国载人航天工程空间站建设而研制的一种新型运载火箭，是以长征五号运载火箭为基础改进而成的，是中国近地轨道运载能力最大的新一代运载火箭。

长征五号B运载火箭承担着中国空间站舱段的发射任务。根据飞行任务规划，空间站工程分为关键技术验证、建造和运营三个实施阶段。其中，在前两个阶段，长征五号B运载火箭圆满执行了首飞、天和核心舱发射、问天实验舱发射和梦天实验舱发射共四次飞行任务。

长征五号B运载火箭的整流罩长20.5米、直径5.2米，可以更好地满足空间站舱段发射任务的需要。长征五号B运载火箭作为"空间站舱段运输专列"，在空间站建设过程中发挥着举足轻重的作用。

第八章 长征六号

　　长征六号运载火箭是无毒无污染的三级小型液体运载火箭，具有成本低、可靠性高、适应性强、安全性高等优点。虽然个体不大，但许多新技术是中国国内首次应用，所以它的研制难度很大。
　　长征六号运载火箭于2009年获得国家正式批复立项，并于2013年12月在太原卫星发射中心完成场箭合练。

第1节
几经修改的发射计划

长征六号运载火箭（CZ-6）原计划于2014年首次发射，但由于发射载荷改为一箭20星，所以发射时间也相应地调整到了2015年8月。

在8月窗口时间，当发射任务进行准备时，却又出现了卫星不能按时到位的状况。几经协调，最后将发射时间定在了9月19日。

2015年9月19日早上6时30分，距离长征六号运载火箭首飞发射还有30分钟，指挥大厅的大屏幕上显示动力系统抽真空管路压力出现异常。20分钟后，抢险排故完成，抽真空管路压力终于恢复正常，但发射计划不得不再一次调整。

最后，经过一波三折，长征六号运载火箭于2015年9月20日成功发射升空。

长征六号运载火箭于2015年9月20日成功发射升空

详细参数
全长：29.90米
直径：3.35米
起飞质量：103.00吨
氧化剂+推进剂：四氧化二氮+偏二甲肼
发射准备周期：7天

第2节

长征六号的独门秘籍

2.1　如虎添翼：数字总线技术

在我国现役运载火箭的控制系统中，信息传输主要采用的是传统的模拟电缆点对点方式，但整个系统结构复杂，生产测试过程成本很高。与之相矛盾的是，未来火箭各分系统间需要进行大量的信息交换，模拟电缆传输已经无法满足需求，更无法实现冗余设计和故障的自动监测隔离。

在长征六号运载火箭上，设计人员开拓性地应用了1553B总线技术的控制系统设计，实现了全箭信息数字化传输和综合利用。从模拟电路技术跨越到数字总线控制系统，这在我国新一代运载火箭控制系统中尚属首次。

长征六号运载火箭控制系统主任设计师周如好是这样解释这一次的技术革新的：

"在采用传统模拟电缆时，信息要像汽车一样通过电缆的'乡道'走上'县道'，然后再经过'县道'走上'市道''省道'，最后才奔上'国道'到达终点站。'乡道''县道''市道'窄小难走，信息传输容易出现问题。这就是模拟电缆技术的弊端。而在采用数字总线技术之后，信息可以直接从'省道'驶入'国道'，快速方便并能降低出错率。"

数字总线技术保证了火箭上控制系统计算机与各单机之间实现快速、准确的信息互通，为长征六号运载火箭实现精确控制提供了便利条件。

迭代制导：入轨精度高＋抗干扰

为了实现精确入轨，我国长征六号之前的运载火箭大多数采用摄动制导技术——研究人员在火箭的出发点和入轨点之间规划一条固定路线，火箭在飞行过程中只要发生轨道偏移，就要先回到预定轨道上，然后再继续飞行。

为了使火箭的制导功能更加灵活机动，同时更节省燃料和时间，长征六号运载火箭的设计师们专门研制了迭代制导技术。运用新技术后，火箭在飞行过程中一旦发生偏离轨道的情况，不用再回到预定轨道，而是从所在位置直接规划入轨的最优路线，驶入最终轨道。

采用迭代制导技术，可以在很大程度上提高火箭入轨精度和对太空干扰因素的适应性。长征六号运载火箭成功应用了这项技术，也为新一代运载火箭提高整体质量做出了贡献。

双八表捷联惯组：为火箭提供精准的判断力

在飞行过程中，长征六号运载火箭除了需要有精准的控制能力，还需要有精准的判别能力。为了让长征六号运载火箭能够清晰地洞察自己的飞行轨迹，研究人员为它配置了一双敏锐的"眼睛"——双八表捷联惯组。名字拗口的它属于核心部件，在运载火箭控制系统中负责测量箭体相对于空间的速度和加速度，经过坐标变换和计算机计算后，可得到箭体的各种导航信息。

长征六号运载火箭上装配的双八表捷联惯组由两部分组成，一是八表激光惯组，二是八表光纤惯组。这是我国现役火箭型号的最高配置，而且两部分同时使用也属首次。

双八表捷联惯组按照主从冗余模式，以激光惯组为主份系统，一旦发生故障，会将整体切换到备份的光纤惯组上。双八表捷联惯组的使用，在满足火箭高可靠度的要求下，成功解决了惯组系统可靠性、经济成本、测试复杂度等多个制约因素之间的矛盾，保证了长征六号运载火箭惯组系统的高可靠度和高精度，也为它的精确入轨奠定了基础。

此外，长征六号运载火箭还配备了多星座导航接收机。它与双八表捷联惯组配合，为长征六号运载火箭提供了精确的测量定位。除了兼容美国GPS系统、俄罗斯格洛纳斯系统，这款接收机还能接收到我国自主研制的北斗二代导航系统信号。把这三种信号综合在一起，就能可靠、精准地确定长征六号运载火箭在飞行过程中的位置。

2.2 高可靠性：做减法与控风险

我国长征六号之前的在役运载火箭可靠性指标一般为0.95，唯一的载人火箭"长二F"的可靠性指标为0.97，而长征六号运载火箭的可靠性指标达到了0.98。

在长征六号运载火箭立项之初，设计师们就确立了"成本低、可靠性高、适应性强、周期短"的设计原则。而在"可靠性高"方面，他们一直遵循着"简单即可靠"的原则，在进行单机或系统设计时力求简单可靠，并通过严格的质量保证体系和质量管理制度，严控产品的设计和生产质量。

为了保证火箭的可靠性，传统方法是通过增加安全冗余设计的方式来解决。采用冗余设计就得增加单机，但增加单机后火箭的运载能力就会降低，而为了保证火箭的运载能力，只好将火箭设计得更加庞大。长征六号运载火箭作为新一代运载火箭，设计师们在设计理念上实现了突破——通过做减法提升火箭的可靠性。

为了使火箭发动机稳定燃烧，发动机的燃料输送需要保持一定的压力。按照传统做法，长征六号运载火箭需要使用12个气瓶，这不仅意味着要在火箭上增加了12个风险点，同时还将使火箭失去"低成本"的优势，而且火箭重量也增加了。对此，研发人员创造性地从发动机中引出一股气为氧箱增压，用一个管路就解决了12个气瓶带来的难题。

长征六号运载火箭的电气系统采用统一供配电、统一信息管理和一体化测试发射模式，地面和箭上电源系统协同运行，满足地面测试和飞行过程中电气系统的供电需求。通过前面提到的1553B总线传递控制和遥测信息，简化了控制和遥测系统的设计，全箭仅用两个脱拔便可完成电气系统的测试和发射任务。这种一体化测发模式简化了地面测发设备的数量，通过合理优化电气系统的结构，简化了系统配置，提高了系统的可靠性。

在长征六号运载火箭上，这类通过做减法来减少风险点的做法还有很多。研发团队的这种做法成功突破了传统火箭的设计理念，同时提升了火箭的可靠性。

2.3 成功"瘦身"：让火箭飞得更轻盈

长征六号运载火箭作为我国新一代运载火箭家族的开路先锋，一副"好身材"必不可少。研发团队大胆地从技术和工艺两个方面双管齐下，使长征六号运载火箭"瘦身"成功，火箭的起飞重量仅为103吨。

在长征六号运载火箭上，氧箱自生增压技术不仅成功解决了水和二氧化碳等杂质进入氧箱后可能会凝结、结冰的难题，还简化了系统设计、降低了成木、提高了系统的可靠性。这在国内外都是首屈一指的创新性技术。

同时，设计师们大胆地提出了新的设计思路——把液氧和煤油装在同一个贮箱内。按照现役火箭的设计思路，在长征六号运载火箭的第二级内部，应该安装液氧箱和煤油箱两个大大的箱体。为了隔开箱体，还要安装箱间段。而长征六号运载火箭的研发团队只设计了一个夹层共底贮箱，就成功把两个箱体的功能完全融合了。

这个夹层共底贮箱由四个部分组成：外部箱体、氧舱、煤油舱及两舱之间的共底夹层。夹层用复合材料制造，并在夹层之间铺上泡沫，隔绝了上、下两舱之间液氧和煤油近200摄氏度的温差。而且，共底面板壁厚仅仅为0.8毫米。这也是一项首次被应用的技术，它成功地使长征六号运载火箭至少减重100千克。

另外，长征六号运载火箭的卫星整流罩由原来的铝合金材料改成了纸蜂窝复合材料。这一改进让卫星整流罩不仅实现了全向透波，对不同角度入射的电磁波都具有良好的透过性能，而且重量较之前大大减轻。

长征六号改

长征六号改运载火箭（又称"长征六号甲""长征六号A"，代号CZ-6A），是我国首型固液混合捆绑火箭，由上海航天技术研究院总研制。

长征六号改运载火箭采用模块化、组合化、系列化发展途径，可通过助推器的调整，形成多种构型，打造运载能力覆盖范围广、梯度合理、性价比高的运载火箭系列，可满足未来卫星多样化的密集发射需求。

长征六号改运载火箭芯一二级直径为3.35米，一级采用两台120吨推力的液氧和煤油发动机，二级采用一台推力18吨的液氧和煤油发动机，芯级捆绑四台2米直径的助推器。助推器采用两段式120吨推力固体发动机。火箭全箭总长约50米，全箭起飞重

我国首型固液混合捆绑火箭：长征六号改运载火箭

量约530吨，700千米太阳同步轨道运载能力不小于4吨。

长征六号改是当之无愧的改进型号，它的改进与革新主要体现在以下三个方面：

3.1 高效能"混动火箭"

长征六号改运载火箭首次实现了中国运载火箭领域固液发动机的"跨界合作"，突破了固体助推器捆绑与分离技术、捆绑点大集中力扩散技术、固液捆绑联合摇摆控制等关键技术，充分融合并发挥了液体发动机性能高、工作时间长和固体发动机推力大、使用维护简单的综合优势，从而使火箭可靠性更高、性价比更优。同时，依托太原卫星发射中心的新建发射工位，长征六号改运载火箭可实现14天快速发射，满足中低轨道卫星高密度发射的需求。

3.2 智能化"健康管家"

为了保证完成发射任务，长征六号改运载火箭芯一级设置了"智能"健康诊断系统。"点火"指令下达后，芯一级液体发动机先点火，健康诊断系统进入工作模式，一旦出现非正常的突发状况，健康诊断系统将立刻做出判断，实施自动紧急关机，同时助推器的固体发动机将不再点火。

此外，长征六号改运载火箭在国内首次采用伺服系统在线故障诊断与自适应重构技术。在火箭飞行过程中，当某台伺服机构出现故障时，智能"大脑"会根据自我诊断后的结果，重新进行计算并分配控制指令，实现火箭飞行的智能控制。

3.3 更安全"无人值守"

长征六号改运载火箭发射前4小时，前端操作人员全部撤离塔架，火箭可通过无人值守技术完成后续的发射流程。长征六号改运载火箭的无人值守技术实现了中国在运载领域的三个首次——首次采用自动对接加注技术，可实现远程全流程推进剂自动加注；首次采用零秒脱落技术，火箭箭地连接器在起飞瞬间自动脱落；首次实现推进剂加注开始后，发射场前端无人员值守，有效保障了火箭发射任务的安全性，也是对"以人为本"理念的坚定践行。

第九章　长征七号

第1节

长征七号

长征七号运载火箭（CZ-7）的研制，依托的是长征二号F运载火箭的成熟技术，同时融合了长征五号运载火箭的创新，采用无毒、无污染的液氧煤油推进剂，主要用于发射近地轨道或太阳同步轨道有效载荷，承担着我国航天货运飞船的发射任务，具备近地轨道13.5吨、700千米太阳同步轨道5.5吨的运载能力。

2016年6月25日，长征七号运载火箭在文昌航天发射场首次成功发射。这也是文昌航天发射场首次担任火箭发射任务。

1.1 独特的运输方式

将火箭运输到发射场，一般有三种运输方式——铁路运输、公路运输及海上运输。其中，海运是最平稳、最"舒适"的理想选择。

最平稳

运输方式是否平稳，有一个重要的考量指标——过载环境。过载环境数据值越低，火箭的运输环境就越平稳，对火箭结构的影响也就越小，越有利于火

长征七号运载火箭

详细参数	
全长：53.10米	
全重：597.00吨	
芯级直径：3.35米	
助推器直径：2.25米	
起飞推力：7200.00千牛	
主推进剂：液氧+煤油	

箭安全抵达目的地。如果过载环境不良，将
会对火箭的结构产生损害。

　　作为第一型实施海运的火箭，研发团队
在长征七号运载火箭的芯一级、芯二级、助
推器、整流罩及它乘坐的船上、装载的集装
箱上，布置了约30个测点，详细记录了火箭
运输船起航、抛锚、起锚、靠港，以及多种
海况下的过载环境数据和振动环境数据。

　　长征七号运载火箭一路从天津港运抵海
南，过载环境数据不仅优于研发团队的设计
值，而且仅相当于铁路运输的三分之一、公
路运输的二分之一。

最"舒适"

　　在运输途中，火箭是否"舒适"，要看它
所处的震动环境。

　　运输过程中产生的震动会影响火箭的内
部设备。长征七号运载火箭在海运过程中，
低于3级海况时，箭体振动环境较为平稳；
出现4—5级海况时，船体晃动加剧，箭体
震动环境相对恶劣。即便如此，海运震动环
境的实测数据也远小于公路、铁路运输，因
此，可以更好地保证火箭内部设备的安全。

1.2　高能的转场方式

防风减载装置保证安全

　　每年8月至11月，海南文昌卫星发射中
心往往会受到强热带风暴和台风的影响。而
且，由于临海，随着距地面高度的增加，风
速会有明显增大。地面感受到的是微风，可

2016年6月25日，长征七号运载火箭在
海南文昌航天发射场首次成功发射

长征七号运载火箭在海南文昌航天发射场
首次成功发射

长征七号运载火箭采用海上运输方式从天
津运抵海南，是第一型实施海运的火箭

长征七号运载火箭采用海上运输方式从天津运抵海南，是第一型实施海运的火箭

长征七号运载火箭活动发射平台

海况，即海面状况。按照海面波动状况、波峰形状及其破碎程度、浪花泡沫出现的多少，一共分为10个等级，由低到高表示为0—9级，分别称为无浪、微浪、小浪、轻浪、中浪、大浪、巨浪、狂浪、狂涛、怒涛。

火箭顶端就已经是大风了。这种随距地面高度变化而变化的风被称为"浅层风"，它给长征七号运载火箭的垂直转场增加了难度。

基于这一情况，长征七号运载火箭的研发人员对火箭局部结构进行了适当加强，并为火箭设计了一个"防风减载装置"。这套装置采用可伸展的桁架结构，一端固定在活动发射平台的脐带塔上，展开后另一端与火箭二级发动机机架接头对接，这样就将火箭与脐带塔连接了起来。在垂直转场过程中，这套装置就能显著降低火箭受到的风载了。有了"防风减载装置"，长征七号运载火箭不再怕大风天气，实现了全天候可转场。

拐弯转场，实现零突破

为了节省占地面积，在文昌卫星发射中心，长征七号运载火箭需要与长征五号运载火箭共用一个转运轨道。长征五号运载火箭的转运轨道是笔直的，那么，长征七号运载火箭从技术阵地转移到发射阵地，路上必须拐弯。然而，火箭在转运过程中拐弯，远没有汽车拐弯只需转动一下方向盘那么简单，它要依靠活动发射平台，还要进行一系列的技术突破。

经过研发人员的大量计算，最终得出火箭转弯最省力的最大转弯角度为60度左右，到达发射场共需要拐弯四次。由于火箭"头部"包裹着卫星，行走起来"头重脚轻"，因此要"小步慢行"，转弯时速度不能超过每分钟15米，行驶速度每分钟不能超过30米。为了让长26米、宽23米、重1800吨的活动发射平台平稳转弯，研发人员克服重重困难，成功突破"单轨差速转弯行走技术"。这是我国航天发射支持系统的一次重大技术突破，使我们的运载火箭活动发射平台转弯行走实现了"零"的突破。

1.3 成功的"零窗口"发射

发射窗口是指允许火箭发射的时间范围。一般发射任务的发射窗口有几个小时，而"零窗口"发射则要求火箭点火起飞的时间与预计时间的偏差不能超过1秒。

在长征七号运载火箭搭载着天舟一号货运飞船发射任务中，由于天舟一号货运飞船需要与天宫二号空间实验室进行交会对接，交会对接任务要求航天器入轨时需要与"牵手对象"处在同一个轨道面上，所以长征七号运载火箭必须做到"零窗口"发射，以保证船箭分离后，"天舟一号"可以与"天宫二号"顺利"签手"。否则，天舟一号货运飞船就要花更多的燃料来改变自己的轨道面，以追上天宫二号空间实验室。

我国现役火箭都具备"零窗口"发射能力，可一旦涉及空间实验室与货运飞船的交会对接任务，发射难度就陡然上升。长征七号运载火箭作为低温燃料火箭，与长征二号F运载火箭等常规火箭相比，还面临着低温推进剂加注问题和复杂的发射前流程。此外，长征七号运载火箭发动机具有严格的启动条件，需要满足发动机预冷和入口压力等条件要求，如果其中任何一个环节出现问题，发射窗口就得推迟。因此，它要实现"零窗口"发射，实属不易。

尽管难题一道接着一道，但研发人员的办法总比困难更多。2017年4月20日19时41分，长征七号运载火箭成功发射升空，将我国航天史上最重的航天器——天舟一号货运飞船精准送入轨道，首次实现了我国大规模低温火箭的"零窗口"发射要求。

长征七号运载火箭

第2节

特色鲜明的"小七"

2.1 我国第一型全"数字化"火箭

长征七号运载火箭是我国首型采用全三维数字化手段设计的火箭。在设计阶段，长征七号运载火箭的设计图纸从纸质"连环画"变成了"3D电影"，绝大部分生产工序也直接使用了三维电子"图纸"；在火箭制造阶段，研发人员应用"数字化三维协同设计平台"，只要轻轻点击一下，庞大的产品模型就会化作一串数据，"飞"向上级单位、生产方及其他产品设计单位，使参与火箭研制的各单位可以互联互通，真正实现了"一键式"加工，大幅提高了火箭零部件的加工质量和

长征七号运载火箭

效率；在火箭的试验、装配阶段，应用"虚拟现实技术"，实现火箭的全三维总装数字仿真，同时引入"人机工程装配仿真"，把总装人员和他们的操作放到"虚拟世界"中，与虚拟的火箭合练，提前发现设计中互相矛盾的地方，及时加以改进，大大缩短总装周期，并确保火箭试验、装配"一次成"。

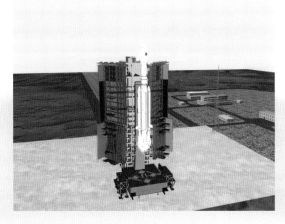

数字化仿真系统模拟火箭发射场景

长征七号运载火箭应用全三维协同、全三维设计、全三维数字仿真试验技术，成功研制并顺利发射，为后续的火箭研制提供了十分珍贵的实践经验。

2.2 加注低温燃料，停放时间创纪录

现役"长征"系列运载火箭中，除了"长征三号甲"系列运载火箭的三子级采用低温燃料，其余加注的都是常温燃料，加注后可以停放一周左右。而低温燃料加注后，不仅会使发射塔变成"大冷库"——贮箱隔板外全是厚厚的霜，而且易燃、易爆、易蒸发、停放时间短。工作人员每隔1小时去检查火箭状态的时候，都会冻得瑟瑟发抖，头发和眉毛上也会结一层厚厚的霜。所以，在长征七号运载火箭在研制之初，研发人员就把"燃料加注后可停放24小时"定为一项设计标准。而且不仅是燃料贮箱，箭体的各部件也都要经得起24小时低温环境的考验。

在海南文昌卫星发射中心的发射场合练时，长征七号运载火箭加注低温燃料后，成功停放24小时，创下了低温燃料加注后火箭停放时间的最长纪录。这为火箭的成功发射争取了很多宝贵时间，同时提高了火箭发射的可靠性。

2.3 发射台高效降温并降噪

运载火箭点火起飞时，箭体尾部喷出的火焰几乎直击发射平台，使发射平台的温度瞬间接近3000摄氏度。这样的高温足以熔化绝大多数金属材料，焚毁

发射台喷水试验

非金属材料。即使火箭发射平台由特殊材料制成，表面有防热涂层，也很难承受如此高温。比起西昌、酒泉等卫星发射中心的发射平台，文昌卫星发射平台在发射塔顶端设有一个容量为600吨的水箱，降温能力更加强大。

在长征七号运载火箭点火发射至5米高时，发射平台旁待命的大流量喷水降温降噪系统就会启动，向箭体尾部火焰中心喷水，两级喷水设施各喷20余秒，完成400吨的喷水量。这400吨水，30%会被汽化到大气中，60%会通过导流槽流走，水分蒸发带走大量热能，使发射平台核心区降温幅度达1000摄氏度左右，有效保障了发射平台仪器的安全，从而确保火箭发射的安全可靠。此外，这个系统还具有良好的降噪功能。

2.4 超强防水，无惧雨天

长征七号运载火箭的发射地位于海南文昌，那里气候潮湿、降水量大，一年当中，12小时内降水5—15毫米的中雨较多。火箭内部装有许多仪器电缆，通电后被水打湿会影响信号传输；长征七号运载火箭使用的是低温燃料，箭体表面温度低，冷凝水会像雨水一样顺着箭体流下来，箭壁、管路上的冷凝水还可能结冰……这些都直接关系到火箭发射的成败。

因此，在长征七号运载火箭设计之初，研发人员就将防水功能加注到了结构设计的每一个细节：在部段对接处、细小的孔径和缝隙处都要做防水处理；在排气孔处，实现排气、防水双功能并举；针对低温液体贮箱加注燃料后无法避免的冷凝水聚集问题，开设排水孔等。这不仅有效避免了冷凝水对于火箭发射的不良影响，还实现了火箭的雨中发射，为今后的火箭型号设计提供了宝贵经验。

2.5　盛夏里的"保温衣"

在长征七号运载火箭执行我国第一艘货运飞船——天舟一号发射前，研发人员为它量身定制了一件厚厚的"保温衣"，由十几位工作人员登上塔架顶端，围成一圈帮它穿好。

当时的海南正值盛夏，气温高达30多摄氏度，那为什么还要给长征七号穿上"保温衣"呢？

我们知道，天舟一号货运飞船被包裹在长征七号运载火箭的整流罩中，由于"天舟一号"有技术要求，整流罩中的温度需保持在20—25摄氏度，所以塔架上有多条空调管路，向整流罩内送风，保持温度。这样一来，整流罩内外温差就会很大。

因此，研发人员为长征七号运载火箭设计了这层名称为"整流罩罩衣"的"保温衣"，用于隔离外界温度，以保证整流罩内的"天舟一号"的温湿度环境符合技术要求。

"保温衣"不仅隔热，而且可以防水，所以要一直"穿"到火箭发射前约8小时。当火箭"脱掉"它的时候，已是箭在弦上、蓄势待发了。

长征七号发射仿真图

长征七号运载火箭正在穿"保温衣"

长征七号运载火箭穿上"保温衣"

长征七号甲运载火箭

长征七号甲

长征七号甲运载火箭（CZ-7A）是中型高轨三级液体捆绑式运载火箭。它的芯一二级及助推器基本上继承了长征七号运载火箭，采用120吨级推力的YF-100发动机和18吨级推力的YF-115发动机；三子级则继承了"长征三号甲"系列运载火箭的液氢液氧末级，采用两台8吨级推力的YF-75发动机，具备二次启动能力。

长征七号甲运载火箭主要用于地球同步轨道卫星的发射任务，填补了我国地球同步转移轨道5.5吨—7吨运载能力的空白。同时，具备零倾角轨道、奔月轨道等高轨发射能力；可适配直径4.2米和3.7米两种整流罩，拥有一箭一星和一箭双主星的发射能力。

长征七号甲运载火箭是中型运载火箭的主力构型，实现了我国中型运载火箭的更新换代，既可以满足中大型高轨卫星的高密度发射需求，同时有利于优化航天发射场的能力布局。

在3.6万千米的地球同步轨道上，具备7吨运载能力的长征七号甲运载火箭将和具备5.5吨运载能力的"长征三号甲"系列运载火箭、具备14吨运载能力的长征五号运载火箭一起，形成更加优化、合理的能力布局，提升了中国航天进出空间的能力，对推进高轨道卫星组网建设具有重大意义。

详细参数

全长：60.13米

芯一二级直径：3.35米

芯三级直径：3.00米

单个助推器直径：2.25米

起飞质量：573.00吨

地球同步转移轨道运载能力：7.00吨

长征八号运载火箭（CZ-8）是新一代中型两级液体捆绑式运载火箭。一子级以液氧和煤油作为推进剂，采用两台8吨级推力的YF-100发动机；二子级以液氢和液氧为推进剂，采用两台8吨级推力的YF-75发动机，具备二次启动能力；捆绑两个2.25米直径液体助推器，以液氧和煤油作为推进剂，各采用一台120吨级推力的YF-100发动机。

长征八号运载火箭可从文昌航天发射中心和酒泉卫星发射中心发射，主要用于发射近地轨道或太阳同步轨道有效载荷，可以将5吨的有效载荷送入700千米的太阳同步轨道。

长征八号运载火箭

详细参数	
全长：50.30米	
芯一级直径：3.35米	
芯二级直径：3.00米	
单个助推器直径2.25米	
整流罩直径：4.20米	
起飞质量：356.00吨	
推进剂：液氧和煤油	

长征八号可从文昌航天发射中心和酒泉卫星发射中心发射

第1节

长征八号的独特性

1.1　面向国际商业发射市场

在国际商业航天发射市场中，中低轨卫星发射需求日益旺盛，而我国在发射3吨—4.5吨太阳同步轨道卫星上，一直缺少适合的运载工具，因此，长征八号运载火箭应运而生。长征八号运载火箭采用绿色环保液体推进剂，是一枚性价比高、易用性好、安全性优的火箭。

长征八号运载火箭

1.2 创新研制，"快八"问世

长征八号运载火箭的研发遵循了"模块化、系列化、组合化"的发展思路，它的芯一级和助推器借鉴了长征七号运载火箭的芯一级和助推器，芯二级则借鉴了长征三号运载火箭的三子级。

长征八号运载火箭有一个别称，叫"快八"。其中，"快"字主要体现在三个方面：

◆ 研制速度快——从2017年5月立项到首飞，仅用了3年时间；

◆ 履约能力快——从签署合同到火箭出厂，履约周期仅为12个月；

◆ 发射周期快——客户方提出需求一年时间内，即可提供发射任务，未来长征八号运载火箭的发射周期将缩短到10天。

1.3 三大技术突破

长征八号运载火箭开创了我国火箭逆向设计的先河，研发团队在技术方面实现了三大突破，为我国未来火箭研制提供了进一步的技术支撑。

突破一 模态综合技术

一直以来，我国新研制的运载火箭都会进行全箭模态试验，用实物试验获取飞行中火箭的动态特性参数。长征八号运载火箭是我国首型在研制过程中没有进行全箭模态试验，而是通过数学建模与仿真获取全箭动态特性参数的中大型液体火箭。

突破二 主动识别系统干扰

长征八号运载火箭是我国第一型应用自抗扰主动减载技术的火箭。

在结构特征上，长征八号运载火箭呈现出"大脑袋、细脖子"的特点，整流罩较大，二级箭体相对来说结构强度较弱。它的"静不稳定系数"是我国现役火箭的3倍以上，对系统干扰更加敏感，如果不能及时消除这些干扰，将会对二级箭体结构造成破坏。为此，研发团队采用了自抗扰主动减载技术，取得了显著效果。

长征八号运载火箭的发射成功，解决了我国薄壁结构运载火箭在各种风况下飞行的适应性问题，为结构的轻质化设计和应用提供了保障，有助于进一步提高火箭运载效率。

长征八号运载火箭，别称"快八"

突破三　发动机节流技术

长征八号运载火箭是我国第一枚应用发动机节流技术的火箭。

所谓节流，就是给发动机挂上"油门"。以往火箭发动机点火后，将维持恒定的推力向上飞；如果采用节流技术，当火箭飞入大风区时，就可以把"油门"收回，将火箭的飞行速度降下来。因为长征八号运载火箭一级飞行段的速度快，使得箭体结构在大风区承受的动压（带动气体向前运动的压力）大幅增加，动压必须减少一半，才能满足飞行安全的要求。为此，长征八号运载火箭首次在一级飞行段采用发动机节流技术，这为后续我国运载火箭重复使用技术的研发和牵制释放装置的研制奠定了基础。

"快八"实现了三大技术突破，开先河，打根基

主星加小卫星，提供常态化搭载服务

长征八号遥二运载火箭

2022年2月27日11时06分，长征八号遥二运载火箭在文昌航天发射场点火升空，一次性将22颗卫星分别顺利送入各自的预定轨道，发射任务圆满完成，创造了我国一箭多星发射的最高纪录。

2.1　新构型首飞

此次发射的长征八号遥二运载火箭是取消了两个助推器，从两级半变成了两级串联的新构型火箭，这是不带助推器的新构型运载火箭首次执行飞行任务。

2.2　一箭22星

长征八号遥二运载火箭一箭成功发射22颗卫星，创造了我国一次发射卫星数量最多的纪录。

研发人员充分梳理了22颗卫星的结构形式、任务需求，创新设计了一款三层多星分配器，能在有限的整流罩空间内，为每颗卫星安排合适的"座位"，并且保证卫星在不同方向的分离都安全。

本次任务需完成22颗卫星的分离，共计完成12次分离动作，创造了中国航天的新纪录。不仅如此，研发团队还专门开展了星箭联合操作试验，在试验过程中对卫星的安装操作顺序及布局位置进行了调整，并通过多轮仿真计算对星箭分离动作进行了优化设计，确保卫星从"上车"到"下车"的全程安全。

值得一提的是，长征八号遥二运载火箭的整流罩高度从8米缩短到5.4米，使全箭关键部位的受载降低，火箭发射的放行条件适当放宽，有利于提高任务的完成率，从而进一步提升了火箭的任务适应性。

2.3 共享火箭新模式

长征八号遥二运载火箭还是一枚"共享火箭"，此次搭载发射的22颗卫星，分别来自7家研制单位。共享火箭为用户提供了经济实惠的发射服务，大大降低了卫星发射门槛。

另外，由于是共享发射，需要对接多家用户单位，协调工作成倍增加，面对研制过程中用户迭代更新、方案反复修改等问题，研发团队不断调整方案、分析可行性和安全性，以热忱的服务最终促成了本次发射任务的完成。这是一次成功的探索，对未来推进火箭共享发射的常态化起到了积极的作用。

第十一章

长征十一号

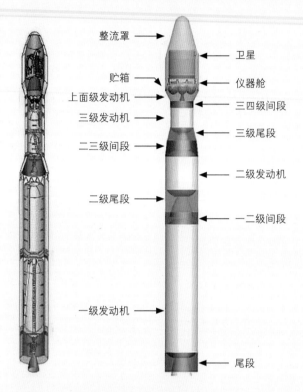

整流罩
卫星
贮箱
仪器舱
上面级发动机
三四级间段
三级发动机
三级尾段
二三级间段
二级发动机
二级尾段
一二级间段
一级发动机
尾段

长征十一号运载火箭结构示意图

详细参数

详细参数
全长：20.80米
起飞质量：57.60吨
起飞推力：120.00吨
推进剂：端羟基聚丁二烯（HTPB）复合固体推进剂
太阳同步轨道（SSO）运载能力：350.00千克—400.00千克
近地轨道（LEO）运载能力：700.00千克

长征十一号运载火箭（CZ-11）是新一代固体运载火箭，主要用于快速机动发射应急卫星。它全长20.8米，起飞质量58吨，起飞推力120吨，700千米太阳同步轨道的运载能力可达350千克，低轨运载能力可达700千克。主要用于满足自然灾害、突发事件等应急情况下微卫星发射的需求。

长征十一号运载火箭

第1节

发射更快速、更便捷、更灵活

2015年9月25日，长征十一号运载火箭在酒泉卫星发射中心点火升空，成功将四颗微小卫星一次性送入太空。

作为我国新一代运载火箭中唯一一型固体火箭，相较于其他以液体推进剂为燃料的"长征"系列运载火箭，长征十一号运载火箭有着发射更快速、更便捷、更灵活的巨大优势。

1.1　更快速

与以"月"为单位计算的液体运载火箭发射准备时间相比，长征十一号运载火箭的准备时间可以缩短到"天"。在接到命令后，长征十一号运载火箭可以在24小时内完成星箭技术准备和发射任务。其中，在发射点的发射准备时间不大于1小时，具备"日发射"能力。

1.2　更便捷

长征十一号运载火箭作为新一代固体运载火箭，具有可整体贮存、操作简单的优势，使其发射更加便捷。

1.3　更灵活

与其他"长征"系列运载火箭相比，长征十一号运载火箭的机动性大大增强，能够适应复杂的发射环境。

除此之外，长征十一号运载火箭上的多项技术指标达到国际先进水平，可实现卫星快速组网和补网，能够满足自然灾害、突发事件等应急发射需求。

第2节

长征十一号的"黑帽子"

从外形上看，长征系列运载火箭的高矮胖瘦各不相同，每一代运载火箭最顶端的整流罩尺寸都略有差异，这项"帽子"的材质也有所不同。

长征五号、长征七号等运载火箭的"帽子"采用金属框及金属桁条结构，两者像纬线和经线一样纵横相交，支撑整流罩的整体结构，为有效载荷打造一个密闭而安全的运输环境。

长征十一号运载火箭的这项"帽子"则与众不同，它拥有更多的创新元素。

长征十一号的"黑帽子"拥有更多创新元素

长征十一号运载火箭

　　首先，长征十一号运载火箭的整流罩通体是黑色的，由全碳纤维增强复合材料制成，不仅刚度和强度大，重量也很轻。

　　其次，在最初设计时，长征十一号运载火箭的整流罩和其他火箭整流罩的结构方案相同。但是，由于它的直径太小，金属结构不可避免地会产生变形，装配时千斤顶都无法修正。后来，研发人员采用了全碳纤维增强复合材料，不仅解决了装配难题，还增强了性能、提高了载荷。

　　同时，因为长征十一号运载火箭飞行速度快，这顶黑色"帽子"要承受各种复杂外力的作用，所以它采用了"锥—柱"一体结构，整流罩只分成两个半罩，性能更高。性能提高了，生产制造的难度也会随之提高。相比液体火箭部段组合的方式，长征十一号运载火箭整流罩的生产精度要更高。

　　除以上特点外，这顶黑色"帽子"还有更高的热防护效果。液体火箭常用的应对热环境方式，是在整流罩外面贴一层软木贴片，再在外面涂上防护漆，就足以应对飞行过程中的种种冲击，但这种防热方式不能满足长征十一号运载火箭的热环境需要。相对而言，长征十一号运载火箭的热环境更严酷，且需要长时间保存。但是软木贴片没有那么高的热防护性能，也不利于长时间保存。因此，长征十一号运载火箭采用液体火箭尾部等常用的防热涂层，在整流罩上系统喷涂。研发团队为此开展了自动化喷涂工艺研究，将涂层厚度均匀性的累计波动值降低了一半，涂层减重达15%—30%，热防护效能更高了。

第3节

爆炸螺栓捕获装置

大多数的卫星与火箭，都是通过爆炸螺栓进行连接的。当卫星到达预定轨道时，爆炸栓就会启动，使星箭分离。但在这种时候爆炸造成的冲击，极易对卫星造成损伤，因此需要采取相应的降冲击措施。

在长征十一号运载火箭上，有一套独特的"爆炸螺栓捕获装置"，就像一双可靠的大手，可将冲击力降低50%，使卫星与火箭分离得更安全、更"舒适"。

这个装置看上去像一个普通的"小盒子"，但当爆炸螺栓爆炸时，它可以迅速地捕获断裂的螺栓头，把它们牢牢地固定在盒子里，避免撞击到卫星，同时降低对卫星的冲击。

最初，这个"小盒子"为刚性结构，通过结构本身直接吸收冲击力，但降冲击效果有限。于是，研发人员不断优化方案，在"小盒子"内部增加弹性橡胶材料，变刚性防护为弹性防护，以柔克刚，可以使爆炸冲击力降低50%，极大地提高了卫星分离的"舒适度"。

长征十一号运载火箭成功发射

第4节

多星分离控制器

　　除了爆炸螺栓捕获装置，长征十一号运载火箭上还有一个"多星分离控制器"，可以发出28路分离信号。理论上来说，如果卫星分离电流不大，1路信号就可释放1颗或多颗卫星。28路信号，就意味着一箭至少可以发射28颗卫星。

　　多星分离控制器就像一位尽职尽责的"乘务长"，维护着火箭上卫星分离的秩序，让到达预定轨道的卫星按时"下车"，防止拥挤和碰撞。

　　多星分离控制器是一个模块化产品，可以根据任务情况，通过增加或减少控制模块，快速适应任务，满足多星组网发射需求。在火箭运载能力的范围内，卫星数量增加，不用改变箭体结构，只要增加分离控制器的板卡就可以。也就是说，就算是要发射上百颗卫星，通过对分离控制器进行增容，长征十一号运载火箭就能轻松做到。

　　多星分离控制器采用通用接口，适用于绝大多数在役运载火箭的星箭分离装置，极大地提高了火箭的适应性和任务执行效率，为星座高效组网发射打下了坚实基础。

　　同时，多星分离控制器里面的时序板卡是标准模块，采用组合化、产品化设计，可大批量生产，大幅降低了产品成本，进一步提高了长征十一号运载火箭的竞争力，将在商业发射服务市场上助力它纵横驰骋。

长征十一号运载火箭

2018年4月26日，长征十一号运载火箭成功发射珠海一号等5颗卫星，这也是国内首次在同一轨道面发射5颗卫星，展现了长征十一号运载火箭的高精度入轨能力。在这次任务中，长征十一号运载火箭就使用了多星分离控制器。

长征十一号运载火箭发射多星"战报"统计表

发射日期	运载火箭	发射卫星	发射基地	发射次数	结果
2015年9月25日	长征十一号	浦江一号/上科大二号等4颗卫星	酒泉	第143次	成功
2016年11月10日	长征十一号	脉冲星试验卫星等5颗卫星	酒泉	第159次	成功
2018年1月19日	长征十一号	吉林一号等6颗卫星	酒泉	第173次	成功
2018年4月26日	长征十一号	珠海一号5颗卫星	酒泉	第177次	成功
2018年12月22日	长征十一号	虹云工程试验星	酒泉	第193次	成功
2019年1月21日	长征十一号	"吉林一号"光谱卫星	酒泉	第196次	成功
2019年6月5日	长征十一号	捕风一号A/B卫星等	黄海海域	第201次	成功
2019年9月19日	长征十一号	珠海一号03组5颗卫星	酒泉	第205次	成功
2020年5月30日	长征十一号	新技术试验卫星G星、H星	西昌	第218次	成功
2020年9月15日	长征十一号	一箭九星	黄海海域	第224次	成功
2020年12月10日	长征十一号	引力波暴高能电磁对应体全天监测器双星	西昌	第230次	成功
2022年3月30日	长征十一号	一箭三星	酒泉	第257次	成功
2022年4月30日	长征十一号	一箭五星	黄海南部海域	第261次	成功
2022年10月7日	长征十一号	微厘空间北斗低轨导航增强系统S5/S6试验卫星	黄海海域	第270次	成功
2022年12月16日	长征十一号	试验二十一号	西昌	第276次	成功
2023年3月15日	长征十一号	试验十九号	酒泉	第283次	成功

第十二章　长征九号

长征九号运载火箭概念图

详细参数	
全长：114.00米	
直径：10.60米	
起飞质量：4122.00吨	
一级推力：5873.00吨	
推进剂：液氧甲烷（或替换为液氧煤油）	
近地轨道运载能力：100.00吨—160.00吨	
高轨道或星际转移轨道运载能力：35.00吨—53.00吨	

长征九号运载火箭

长征九号运载火箭（CZ-9）是我国新一代重型火箭，用于我国深空探测、载人登月和登火、空间基础设施建设（如空间太阳能电站）等任务，目前正处在研发阶段，未来将会是中国运载能力最大的一型火箭，成为我国航天员往返地球与月球基地、火星的星际火箭。

长征九号于2016年9月正式立项。目前，推力为240吨的一级火箭液氧煤油发动机、推力为120吨的二级火箭氢氧补燃发动机、推力为120吨的三级火箭氢氧补燃发动机都已处于研制成功的收尾阶段，火箭壳体、整流罩及级间环等也都完成了生产，长征九号运载火箭有望在未来五年内实现成功发射。

从研发至今，长征九号运载火箭已有多个设计构型，串联构型、两助推构型、四助推构型，这体现出中国航天人在超重型火箭的研制方面务实推进和不断创新的思路和做法，同时从长征九号运载火箭构型的总体变化上，可以看出我国正致力于打造更加经济实用、可回收重复使用的新型超重型运载火箭。

根据长征九号研发团队专家的介绍，长征九号运载火箭将采用四助推构型，与目前已经服役的长征

长征九号模型

长征九号运载火箭将采用四助推构型，仍在研发过程中

长征九号升空模拟图

长征九号"腰间"标志特写

五号运载火箭构型相同，但从目前展示出的长征九号运载火箭模型来看，它与长征五号运载火箭的体形差距巨大，因此运载能力必然会有跨越式的提升。

由于长征九号运载火箭还在研发过程中，构型有变化的同时，火箭的高度、直径、助推剂、发动机型号及发动机数量也都在不断变化中，其中，外形可观察到的一处明显变化是一级火箭上新增的四个格栅舵。当长征九号的一级火箭将二三级火箭及载荷送入太空之后，一级火箭返回，此时格栅舵将打开，使用绳索拦截阻降技术，回收长征九号运载火箭的一级箭体，以实现再利用。

从编号来看，长征九号重型运载火箭早就被列为航天人孜孜不倦追求的目标，在"长征"系列运载火箭的研发过程中，传承下来的不仅有越来越成熟的技术，还有越来越近的梦想。而中国重型运载火箭方案数年来的变迁，正是从天马行空的无限畅想，到脚踏实地扎实设计的过程。

纵观国际载人航天和运载火箭的发展趋势，研制重型运载火箭，进一步提升运载火箭的运载能力，是我国航天发展的必然选择，也是逐步接过前辈接力棒的新一代航天人的肩头重担。

尾 章

薪火相传，未来可期

回溯百年，我们的革命先烈凭着顽强的意志与坚定的信念，在神州大地上踏出了一条红色革命征途，凭借双脚穿越无数看似不可能渡过的险滩，最终点燃星星之火照亮中华儿女前进的道路。革命先辈的精神永流传，一代又一代有志青年聚成大国复兴烈火，筑起中国梦的坚定基石。

雄鸡一唱天下白，朱红城楼上音容犹在，长风过岗，对青山致敬，这盛世正如诸公所愿。

自1958年吹响运载火箭研制事业的号角，中国航天不畏失败，迎难而上，无数次突破条件限制，呕心沥血打造的"长征"系列运载火箭，不仅成功托举中国"飞天梦"进入太空，更顺利跻身世界运载火箭市场，成为具有中国特色的"金字招牌"。

"老骥伏枥，志在千里。烈士暮年，壮心不已。"多少白发苍苍的航天人依旧坚守一线，在"长征"路上奉献一生，令我们无比敬佩。同时，"指穷于为薪，火传也，不知其尽也。"新一代中国青年航天人沐浴着前辈光辉，必将以"长征精神"为旗帜，以"航天精神"为指针，以继承和创新"长征"系列运载火箭研制技术为目标，不忘初心，不辱使命，不负时代重托，砥砺向前，为实现伟大的"中国梦"奋斗不息！

中国航天事业大事记

1960年第一枚探空火箭发射成功

1960年2月19日，我国自行设计制造的"T-7M"试验型液体探空火箭在上海市首次发射成功，飞行高度约8公里。航天人再接再厉，于当年9月13日，成功将我国第一枚T-7液体燃料探空火箭发射成功。

1967年航天测控体系起步建设

1967年5月13日，卫星地面观测系统工程建设计划开始。1968年，酒泉、喀什、湘西、南宁、昆明、海南、胶东、长春等测控站相继竣工并交付使用。目前，中国已建成包括北京航天飞行控制中心、西安卫星测控中心、陆基测控站、海上测控船、天基测控手段在内，能够服务于地球轨道卫星、载人航天、月球与深空探测等任务，天地一体、全球布局、组网灵活、安全可靠的航天测控网。

1970年长征一号成功发射我国首颗人造卫星东方红一号

1970年4月24日，长征一号运载火箭首次发射，成功将我国第一颗人造卫星——东方红一号准确送入预定轨道。这是酒泉卫星发射中心首次执行卫星发射任务，也是我国首次采用固体火箭发动机。

1975年"尖兵一号"卫星成功发射 开遥感事业先河

1975年11月26日，我国在酒泉卫星发射中心用长征二号运载火箭，成功将第一颗返回式遥感卫星"尖兵一号"发射升空，准确进入预定轨道。11月29日，卫星回收舱安全降落并回收成功，我国成为世界上第三个掌握卫星回收技术的国家。

1977年第一代远洋航天测控船问世

1977年8月、10月，远望1号、2号船分别建成下水，组成我国第一代综合性航天远洋测控船队。远望1号、2号船，代表着我国当时航空、电子、冶金、机电、轻工等多领域的高技术集成。此后，远望3、4、5、6号船陆续下水；2013年，远望21号、22号火箭运输船相继入列；2016年，远望7号下水。

1980年中国成为联合国外空委成员

1980年11月，联合国大会第50次全体会议同意接受中国为联合国和平利用外层空间委员会成员。

1981年首次"一箭三星"发射成功

1981年9月20日，风暴一号运载火箭成功发射实践二号、实践二号甲、实践二号乙三颗科学实验卫星。我国成为世界上第四个掌握"一箭多星"技术的国家。

1984年东方红二号试验通信卫星成功发射

1984年4月8日，我国在西昌卫星发射中心用长征三号运载火箭成功将东方红二号第二颗试验通信卫星准确送入预定轨道。4月17日，卫星成功开通通信、电视传输。此次发射标志着中国成为世界上第五个能独立研制和发射静止轨道卫星的国家，第三个掌握先进低温火箭技术的国家。1986年2月1日，我国第一颗东方红二号实用通信广播卫星成功发射，卫星通信由试验阶段进入实用阶段。

1985年中国运载火箭正式投入国际市场

1985年10月26日，航天工业部对外宣布，中国自行研制的长征二号、长征三号运载火箭进入国际市场，中国长城工业公司负责承揽国外用户卫星发射服务业务。

1985年航天人获我国第一号发明专利

1985年12月，航天207所胡国华拿到国家专利局颁发的专利号为"85100001.0"的证书，成为新中国"第一号专利"发明人。专利名称为"可变光学滤波实时假

彩色显示方法和装置"，即把从卫星上拍摄的地球黑白图片根据某种特征变成彩色
图像，从而看到更多信息。

1986年中国遥感卫星地面站建成并投入运行

1986年12月20日，中国遥感卫星地面站建成并投入运行。中国遥感卫星地面
站是国际资源卫星地面站网成员，目前存有1986年以来的各类卫星数据资料，
是我国时间最长的对地观测卫星数据历史档案库，具有覆盖我国全部领土和亚
洲70%陆地区域的卫星数据实时接收能力。

1988年我国首颗气象卫星风云一号发射成功

1988年9月7日，我国在太原卫星发射中心用新研制的长征四号甲运载火箭，
成功将第一颗气象卫星风云一号送入预定轨道。中国成为世界上第三个能够独
立发射太阳同步轨道卫星的国家，中国气象卫星及其应用从此进入快速发展
阶段。

1990年中国首次发射外星获得成功

1990年4月7日，我国在西昌卫星发射中心用长征三号运载火箭，成功将亚洲一
号通信卫星准确送入预定轨道。卫星由美国休斯公司制造，这是中国承揽的首
次商业发射服务。中国成为继美国、法国之后，第三个进入国际航天商业发射
领域的国家。

第一枚大推力捆绑式火箭长征二号E成功发射

1990年7月16日，我国第一枚大推力捆绑式运载火箭长征二号E在西昌卫星发
射中心点火升空，成功将一颗模拟星和一颗巴基斯坦科学实验卫星送入预定轨
道。长征二号E低轨运载能力达到9.2吨，同步轨道运载能力从1.5吨提高到4.8
吨，代表着中国运载火箭技术水平达到了新高度。

1991年钱学森获"国家杰出贡献科学家"荣誉称号

1991年10月16日，国务院、中央军委在人民大会堂举行授奖仪式，授予钱学
森"国家杰出贡献科学家"荣誉称号和一级英雄模范奖章。

1994年"金牌火箭"长征三号甲发射成功

1994年2月8日，长征三号甲运载火箭在西昌卫星发射中心首次发射获得成功，将实践四号科学实验卫星和一颗模拟卫星送入预定轨道，大幅提升了我国地球同步轨道卫星的运载能力。2007年6月，长征三号甲运载火箭获得"金牌火箭"的称号。

1997年新一代通信广播卫星东方红三号成功发射

1997年5月12日，我国在西昌卫星发射中心用长征三号甲运载火箭，成功将新一代通信广播卫星东方红三号送入预定轨道。5月20日，卫星成功定点于东经125度赤道上空，进一步满足了国内各种通信业务的需要，加速了国家的信息化进程。

1999年"南南合作"典范中巴地球资源卫星发射成功

1999年10月14日，中国和巴西合作研制的资源一号卫星和一颗巴西小卫星在太原卫星发射中心成功发射升空。资源一号卫星是我国主导研制的第一颗高速传输型对地遥感卫星。它的发射成功，开创了发展中国家航天高科技领域技术合作的先例，被誉为"南南合作"的典范。

1999年神舟一号无人试验飞船成功发射回收

1999年11月20日，神舟一号飞船在酒泉卫星发射中心由长征二号F运载火箭发射入轨。11月21日，神舟一号飞船返回舱成功着陆在内蒙古四子王旗预定区域。这是载人航天工程的首次飞行试验。此后，中国又先后发射了神舟二号、三号、四号飞船，完成了所有预定的试验内容。我国载人航天工程(代号921工程)于1992年9月21日经中央审议批准实施，分"三步走"：第一步，发射载人飞船，建成初步配套的试验性载人飞船工程，开展空间应用实验；第二步，突破载人飞船和空间飞行器的交会对接技术，发射空间实验室；第三步，建造空间站。

2000年中国政府首次发布航天白皮书

2000年11月22日，国务院新闻办公室首次发表《中国的航天》白皮书，向国内外介绍了中国政府发展航天的宗旨、原则、现状、目标和国际合作等内容，被誉为"揭开了中国航天神秘的面纱"。白皮书展示了未来十五年中国航天的发展规划，首次提出了"大航天"概念，涵盖了空间技术、空间应用、空间科学三大领域。

2002年我国首颗海洋探测卫星海洋一号成功发射

2002年5月15日，我国在太原卫星发射中心用长征四号乙运载火箭，成功将风云一号D气象卫星和我国第一颗海洋探测卫星海洋一号送入预定轨道，结束了中国没有海洋卫星的历史。

2003年航天员杨利伟成为中国进入太空第一人

2003年10月15日，航天员杨利伟搭乘神舟五号飞船进入太空，在轨飞行了21小时后，于10月16日安全返回，实现了中华民族千年飞天的梦想。中国成为世界上第三个独立掌握载人航天技术的国家。

2003年"双星探测计划"顺利实施

2003年12月30日、2004年7月25日，地球空间双星探测计划两颗卫星顺利发射，与欧洲空间局星簇计划的四颗卫星形成人类对地球空间的第一次六点探测。双星计划是我国航天领域第一个空间科学计划，带动了我国科学卫星系列的发展。此后，我国成功发射暗物质卫星、返回式微重力和生命科学实验卫星、量子科学实验卫星等多颗科学卫星。

2004年王永志获国家最高科学技术奖

2004年2月，中国工程院院士、中国载人航天工程首任总设计师王永志获得2003年度国家最高科学技术奖。

2005年神舟六号任务实现"多人多天"航天飞行

2005年10月12日，我国在酒泉卫星发射中心用长征二号F运载火箭，成功将搭乘神舟六号载人飞船的航天员费俊龙、聂海胜送入太空，10月17日，神舟六号飞船返回舱成功着陆。神舟六号任务实现了从"一人一天"到"多人多天"航天飞行的重大跨越，并开展了空间科学实验活动。

2006年新一代无毒无污染大推力运载火箭长征五号立项研制

2006年8月8日，国务院批准新一代运载火箭基本型长征五号立项研制。长征五号运载火箭是我国运载火箭升级换代的里程碑和重要标志，将实现我国液体运载火箭直径由3.35米至5米的跨越，能够将我国进入空间能力提升2.5倍以上。

2007年中国卫星整星出口实现突破

2007年5月14日，我国在西昌卫星发射中心用长征三号乙运载火箭，成功将我国研制的大容量通信广播卫星尼日利亚一号准确送入预定轨道，并实现在轨交付。这不仅标志着中国实现了卫星整星出口零的突破，也是中国以火箭、卫星及发射支持的整体方式，为国际用户提供商业卫星发射服务的首次实践。

2007年我国首次月球探测工程圆满完成

2007年10月24日，我国在西昌卫星发射中心用长征三号甲运载火箭，成功将嫦娥一号卫星送入预定轨道。嫦娥一号经过14天飞行，于11月7日成功进入200公里环月轨道。11月26日，嫦娥一号卫星传回第一幅月球三维影像图。2008年11月12日，我国首幅120米分辨率的全月球影像图公开发布，中国首次月球探测工程圆满完成。我国首次月球探测工程于2004年1月23日立项。2004年2月25日，工程领导小组第一次会议将探月工程命名为"嫦娥工程"。我国探月工程分"绕、落、回"三步实施。

2008年我国首颗中继卫星天链一号成功发射

2008年4月25日，我国在西昌卫星发射中心用长征三号丙运载火箭，成功将首颗中继卫星天链一号送入预定轨道。天链一号的成功发射，使我国测控覆盖率由原来的12%大幅提高到60%左右。2011年、2012年，天链一号02星、03星先后成功发射升空，实现全球组网运行，中继卫星系统正式建成。我国成为世界上第二个实现中继卫星系统三星组网、全球覆盖的国家。

2008年神舟七号任务成功完成我国首次空间出舱活动

2008年9月25日，翟志刚、刘伯明、景海鹏3名航天员搭乘神舟七号飞船进入太空，9月27日，航天员翟志刚圆满完成我国首次空间出舱任务。中国成为世界上第三个独立掌握空间出舱关键技术的国家。

2008年中国倡议并牵头成立亚太空间合作组织

2008年12月，中国作为东道国倡议并牵头成立亚太空间合作组织，积极推动成员国之间空间科学、技术及其应用多边合作。这是第三个总部设在中国的政府间国际合作组织。2015年10月27日，由亚太空间合作组织与中国国家航天局共同主办的亚太空间合作组织发展战略高层论坛在北京召开，通过《亚太空间合作组织发展战略高层论坛北京宣言》，提出了亚太地区空间能力发展与合作的新愿景。

2010年孙家栋获得国家最高科学技术奖

2010年1月，中国科学院院士、中国探月工程首任总设计师孙家栋获得2009年度国家最高科学技术奖。

2010年"天眼工程"高分专项启动实施

2010年5月12日，作为国家十六个重大专项之一的高分辨率对地观测系统重大专项（以下简称高分专项）全面启动实施。高分专项采用"天、空、地"一体化设计，统筹建设地面系统、应用系统，已发射成功并投入使用的高分一号、二号、三号、四号等多颗卫星，初步实现了全天候、全天时、全球对地观测。2016年3月10日，"高分应用综合信息服务共享平台"正式上线运行，16个部委、11个区域和若干企业高分数据应用互联互通，在国内首次实现了海量数据资源、应用成果的有效集成与共享。高分卫星数据已广泛应用于抗洪救灾、环境保护、国土资源调查与监测等众多领域，培育形成了较大产业化发展空间，取得了良好的社会和经济效益。

2010年嫦娥二号卫星刷新中国航天新高度

2010年10月1日，我国在西昌卫星发射中心用长征三号丙运载火箭，成功将嫦娥二号卫星送入地月转移轨道。10月27日至29日，嫦娥二号卫星完成对月球虹湾局部区域高分辨率成像拍照，嫦娥二号任务圆满完成。之后，嫦娥二号卫星飞离月球，奔向日地拉格朗日L2点，在距地球700万公里处与图塔蒂斯小行星交会探测，实现了数亿公里的远距离星际航行，刷新了中国航天的新高度。

2011年载人航天突破掌握空间交会对接技术

2011年9月29日，天宫一号目标飞行器在酒泉卫星发射中心成功发射。2011年至2013年，天宫一号先后与神舟八号、九号、十号飞船进行了自动和手动空间交会对接试验，均顺利完成。中国载人航天全面突破和掌握空间交会对接技术，为我国建造空间站、开展大规模空间应用奠定了坚实基础。搭乘神舟九号飞船的刘洋成为中国首位进入太空的女航天员；搭乘神舟十号飞船的女航天员王亚平，在天宫一号成功进行太空授课。

2013年嫦娥三号实现中国首次地外天体软着陆及月面巡视勘察

2013年12月2日，我国在西昌卫星发射中心用长征三号乙运载火箭成功将嫦娥三号探测器发射升空。12月14日，嫦娥三号探测器自主成功避障，安全软着陆。12月15日，"玉兔"号月球车与着陆器分离，开始月面巡视勘察。嫦娥三号任务的完成，标志着我国探月工程第二步战略目标"落"全面实现。

2014年探月工程三期再入返回飞行试验圆满完成

2014年11月1日，探月工程三期再入返回飞行试验返回器历经8天约84万公里的飞行后，精准着陆在内蒙古四子王旗预定区域，试验任务圆满完成。这标志着我国全面突破和掌握航天器以接近第二宇宙速度再入返回关键技术，为全面完成探月工程"绕、落、回"三步走战略目标打下了坚实基础。

2015年我国首个"互联网＋智能制造"平台航天云网上线

2015年6月，我国首个"互联网＋智能制造"工业互联网平台——航天云网上线。该平台是致力于打通制造业资源（包括数据资源）多维度协同共享通道的工业互联网平台。运行以来，已经吸引国内外近24万家企业入驻，采购需求发布48000余条，涉及金额超410亿，成交金额总计突破130亿元，涉及智能设备、工业制造、军工、互联网、环保技术、金融服务等多个领域。

2015年《国家民用空间基础设施中长期发展规划（2015—2025）》发布

2015年10月29日，《国家民用空间基础设施中长期发展规划(2015—2025年)》正式发布，旨在建立国家民用空间基础设施市场化、商业化新机制，支持和引导社会资本参与，开展区域、产业化、国际化及科技发展等多层面的遥感、通信、导航应用示范，加强跨领域资源共享与信息服务综合能力，加速与物联网、云计算、大数据及其他新技术、新应用的融合，促进卫星应用产业可持续发展。

2016年长征七号运载火箭成功首飞

2016年6月25日，我国为空间站工程研制的中型运载火箭长征七号在中国文昌航天发射场首飞成功，使我国火箭近地轨道运载能力从不到9吨提升到近14吨，提高了我国进入空间能力。长征七号运载火箭首飞任务，也是中国文昌航天发射场的首秀之战。

2017年中国空间实验室实施天舟一号任务

如果说2017年的中国航天发展是一首乐曲的话，那么实施天舟一号任务无疑是这首天籁之音的高潮。作为中国空间实验室任务的收官之战，天舟一号是中国自主研制的首艘货运飞船，其核心任务是与天宫二号空间实验室交会对接、实施推进剂在轨补加、开展空间科学实验和技术试验等。该任务的成功实施为构建天地往返系统，为建设长期有人照料的空间站、搭建开放的国际太空科研平台铺平了道路。

2018年中国火箭发射数夺冠

北京时间12月25日零时53分，我国在西昌卫星发射中心用长征三号丙运载火箭，成功将通信技术试验卫星三号发射升空，卫星进入预定轨道。这是长征系列运载火箭的第296次飞行。2018年，我国航天发射次数达到38次，年度航天发射次数首次荣登世界第一。

2018年嫦娥四号奔赴月球

北京时间2018年12月8日凌晨2点24分，中国长征三号乙运载火箭在西昌卫星发射中心起飞，把嫦娥四号探测器送入地月转移轨道。承载着中国人探月梦想的嫦娥四号探测器，踏上了奔赴月球背面的征程。嫦娥四号首次实现人类探测器在月球背面软着陆和巡视勘察，首次实现月球背面与地面站通过中继卫星通信。

2019年我国首次在海上实施运载火箭发射技术试验

2019年6月5日，我国在黄海海域用长征十一号海射运载火箭，将技术试验卫星捕风一号A、B星及五颗商业卫星顺利送入预定轨道，试验取得成功，这是我国首次在海上实施运载火箭发射技术试验，探索了我国海上发射管理模式，验证了海上发射能力，有利于更好地满足不同倾角卫星的发射需求。

2020年长征五号B运载火箭首飞任务圆满完成

2020年5月5日，长征五号B运载火箭搭载新一代载人飞船试验船，在文昌航天发射场点火升空。载荷组合体被送入预定轨道，首飞任务圆满完成，实现空间站阶段飞行任务首战告捷，拉开我国载人航天工程"第三步"任务序幕。这是中国乃至亚洲火箭首次发射超过"两万公斤"的航天器，进一步奠定了"胖五"家族在世界现役火箭第一梯队中的地位。

2020年嫦娥五号实现了"五个首次"

12月17日凌晨1时59分，探月工程嫦娥五号返回器带着1731克月球样品在内蒙古四子王旗预定区域成功着陆，我国首次地外天体采样返回任务圆满完成。嫦娥五号任务可以说是我国航天领域迄今最复杂、难度最大的任务之一，它实现了"五个首次"：一是在地外天体的采样与封装，二是地外天体上的点火起飞、精准入轨，三是月球轨道无人交会对接和样品转移，四是携带月球样品以近第二宇宙速度再入返回，五是建立我国月球样品的存储、分析和研究系统。

2021年天问一号探测器成功着陆火星

5月15日，天问一号探测器成功着陆火星，我国首次火星探测任务着陆火星取得成功。天问一号探测器着陆火星，迈出了我国星际探测征程的重要一步，实现了从地月系到行星际的跨越，在火星上首次留下中国人的印迹，是我国航天事业发展的又一具有里程碑意义的重大科技进展。6月11日，天问一号探测器着陆火星首批科学影像图发布，标志着我国首次火星探测任务圆满完成，也意味着人类航天器首次实现在一次任务中完成火星环绕、着陆与巡视探测。

2021年中国空间站建造进入全面实施阶段

4月29日，中国空间站首个航天器天和核心舱入轨，标志着中国空间站建造进入全面实施阶段。5月29日，天舟二号货运飞船成功发射，自主快速交会对接于天和核心舱。6月17日，航天员聂海胜、刘伯明、汤洪波乘坐神舟十二号载人飞船升空，成为中国空间站的首批访客。9月17日，中国空间站关键技术验证和建造阶段首批航天员凯旋。9月20日，天舟三号货运飞船升空，与天和核心舱及天舟二号货运飞船组合体交会对接。10月16日，航天员翟志刚、王亚平、叶光富乘坐神舟十三号载人飞船升空，成为中国空间站的第二批访客，开始为期6个月的太空工作生活。

2021年中国女航天员实现首次太空出舱

11月7日，航天员翟志刚、王亚平身着我国新一代"飞天"舱外航天服，先后从天和核心舱节点舱成功出舱。中国首位出舱航天员翟志刚时隔13年后再次进行出舱活动；王亚平成为中国首位进行出舱活动的女航天员，迈出了中国女性舱外太空行走第一步。

2022年中国空间站"T"字基本构型在轨组装完成

2022年是中国载人航天立项30周年，全年载人航天共计实施6次发射，先后将天舟四号货运飞船、神舟十四号载人飞船、问天实验舱、梦天实验舱、天舟五号货运飞船、神舟十五号载人飞船送入太空。11月3日，梦天实验舱顺利完成转位操作，中国空间站"T"字基本构型在轨组装完成。11月30日，神舟十五号与神舟十四号的两个乘组在太空胜利会师，我国首次实现空间站三船三舱构型以及6名航天员同时在轨飞行。

2022年"嫦娥石"等嫦娥五号月壤样品最新研究成果相继发表

2022年9月9日，国家航天局、国家原子能机构联合宣布，来自核地研院的科研团队首次在月球上发现新矿物，并命名为"嫦娥石"。中国科学院地球化学研究所发表的相关研究结果证实，嫦娥五号月壤样品矿物表层中存在大量的太阳风成因水，为月球有水再添证据。嫦娥五号返回器携带1731克月壤样品成功返回地面之后，共计有四批50余克月壤样品被分发至了100多个科研团队。经过一年多的研究，各团队研究成果陆续发布。

2022年天问一号火星探测团队问鼎"世界航天奖"

第73届国际宇航大会于2022年9月18日至22日在法国巴黎举行。会议期间，国际宇航联合会专门为获得该组织年度最高奖——2022年度"世界航天奖"的中国天问一号火星探测团队举办成果介绍会。国际宇航联合会表示，天问一号火星探测团队为成功探索火星提供了创新性的选择，并为推进深空探测技术做出了杰出贡献。

2023年祝融号数据显示现代火星存在液态水

我国科研人员利用祝融号火星车搭载的导航地形相机、多光谱相机和火星表面成分探测仪，首次发现祝融号着陆区的沙丘表面存在结壳、龟裂、团粒化、多边形脊、带状水痕等表面特征。同时，通过光谱数据分析发现，沙丘表面富含含水硫酸盐、蛋白石、含水铁氧化物等物质成分。该成果推进了在火星低纬度地区液态水地面观测证据的研究，对探索火星气候演化历史等具有重要意义，为未来寻找生命存在提供了关键线索。

2023年嫦娥五号团队荣获"劳伦斯团队奖"

10月1日，在阿塞拜疆巴库举办的第74届国际宇航大会(IAC)期间，国际宇航科学院主席舒马赫等科学家为中国嫦娥五号团队颁发了"劳伦斯团队奖"。嫦娥五号总设计师胡浩等作为团队代表出席颁奖仪式，并宣布嫦娥五号月球科研样品即将面向国际开放申请，欢迎各国科学家共同研究，共享成果。